新塑性加工技術シリーズ　4

せん断加工
—— プレス切断加工の基礎と活用技術 ——

日本塑性加工学会 編

コロナ社

■ 新塑性加工技術シリーズ出版部会

部 会 長	浅 川 基 男	（早稲田大学名誉教授）
副部会長	石 川 孝 司	（名古屋大学名誉教授，中部大学）
副部会長	小 川 　 茂	（新日鉄住金エンジニアリング株式会社顧問）
幹 　 事	瀧 澤 英 男	（日本工業大学）
幹 　 事	鳥 塚 史 郎	（兵庫県立大学）
顧 　 問	真 鍋 健 一	（首都大学東京）
委 　 員	宇都宮 　 裕	（大阪大学）
委 　 員	高 橋 　 進	（日本大学）
委 　 員	中 　 哲 夫	（徳島工業短期大学）
委 　 員	村 田 良 美	（明治大学）

（所属は 2016 年 5 月現在）

刊行のことば

　ものづくりの重要な基盤である塑性加工技術は，わが国ではいまや成熟し，新たな展開への時代を迎えている．

　当学会編の「塑性加工技術シリーズ」全19巻は1990年に刊行され，わが国で初めて塑性加工の全分野を網羅し体系立てられたシリーズの専門書として，好評を博してきた．しかし，塑性加工の基礎は変わらないまでも，この四半世紀の間，周辺技術の発展に伴い塑性加工技術も進歩も遂げ，内容の見直しが必要となってきた．そこで，当学会では2014年より新塑性加工技術シリーズ出版部会を立ち上げ，本学会の会員を中心とした各分野の専門家からなる専門出版部会で本シリーズの改編に取り組むことになった．改編にあたって，各巻とも基本的には旧シリーズの特長を引き継ぎ，その後の発展と最新データを盛り込む方針としている．

　新シリーズが，塑性加工とその関連分野に携わる技術者・研究者に，旧シリーズにも増して有益な技術書として活用されることを念じている．

2016年4月

　　　　　　　　　　　日本塑性加工学会　第51期会長　真　鍋　健　一
　　　　　　　　　　　　　　　　　　　　（首都大学東京教授　工博）

■「せん断加工」専門部会

　部会長　　古　閑　伸　裕（日本工業大学）

■ 執筆者

　古　閑　伸　裕（日本工業大学）　1, 2, 5章，7.3節
　笹　田　昌　弘（神奈川大学）　3章
　広　田　健　治（福岡工業大学）　4章
　村　川　正　夫（日本工業大学）　5.1.1項
　井　村　隆　昭（アイダエンジニアリング株式会社）　6章，7.1節
　江　口　　　浩（株式会社アマダ）　7.2節
　吉　田　佳　典（岐阜大学）　8章

（2016年4月現在，執筆順）

青　木　　　勇	鈴　木　浩　興
青　木　恒　夫	関　根　文太郎
足　立　達　也	中　川　威　雄
遠　藤　順　一	松　本　芳　洋
大　内　信　隆	村　川　正　夫
小　松　　　勇	山　下　明　雄
近　藤　一　義	横　井　秀　俊
神　馬　　　敬	（五十音順）

まえがき

　塑性加工技術シリーズ『せん断加工』初版の「まえがき」にも記されているように，せん断加工は，塑性加工の現場で最も多く見受けられる加工法である．すなわち，素材製造の現場ではシヤーによるせん断と圧延が繰り返し行われ，最終工程ではスリッターによるトリミングや定尺サイズへの切断がせん断加工により行われる．プレス加工の分野においても，ブランク取りのためのシヤーリングや打抜き，成形後のトリミングや穴あけなどの切断加工が，プレスせん断加工により行われる．このようにせん断加工が多用される理由は，せん断加工が他の切断加工法に比べ，高い生産性を有するためである．そして最近では，金型の加工技術進歩やプレス機械の高精度化や高剛性化とも相まって，せん断加工と他の塑性加工との複合加工が可能となり，加工の高効率化や機能部品のせん断を含む塑性加工への工法転換が進められるなど，せん断加工の需要はますます拡大している．

　塑性加工技術シリーズ『せん断加工』は，初版第1刷が1992年に出版され，今日に至るまで，多くの技術者や研究者に購読いただき，新技術の開発や従来技術の改善などに活用いただいた．本書においては，それ以降に新たに塑性加工の対象となった，高強度鋼板やマグネシウム合金などの新材料のせん断加工技術，進歩の著しいサーボプレス機械などの塑性加工機械の紹介やその活用技術に関する内容を加筆した．さらに，塑性加工のなかで唯一破壊を伴う加工であることから，その解析が困難とされてきた，せん断加工のFEM解析についても新たに加筆した．

　本書も塑性加工技術シリーズ『せん断加工』と同様に，せん断加工に携わっ

ておられる技術者や研究者に有効な書として活用されることを願って止まない．

　本書を発刊するにあたり，現在，国内でせん断加工を中心に研究を行っておられる大学の先生方，塑性加工機械の開発に携わっておられるメーカーの研究開発者の方々にご協力いただいた．ここに改めて御礼申し上げる．

　　2016年4月

「せん断加工」専門部会長　　古閑　伸裕

目　　次

1. せん断加工の役割

1.1　切断加工としてのせん断加工 ………………………………………………… 1
1.2　せん断加工の分類と適用例 …………………………………………………… 2
1.3　プレスせん断加工の分類 ……………………………………………………… 5
1.4　最近のせん断加工技術の傾向 ………………………………………………… 6
　　1.4.1　打抜き品の軽薄短小化 ………………………………………………… 6
　　1.4.2　半導体関連の電子部品の打抜き ……………………………………… 6
　　1.4.3　打抜きを含めた複合加工 ……………………………………………… 6
　　1.4.4　新 素 材 加 工 …………………………………………………………… 7
　　1.4.5　自動化と高速化 ………………………………………………………… 7
　　1.4.6　多品種少量生産 ………………………………………………………… 7
1.5　金 型 技 術 ……………………………………………………………………… 8
　　1.5.1　金 型 材 料 ……………………………………………………………… 8
　　1.5.2　金 型 製 作 ……………………………………………………………… 8
1.6　プ レ ス 機 械 …………………………………………………………………… 9
引用・参考文献 ……………………………………………………………………… 9

2. せん断加工特性

2.1　加 工 現 象 ……………………………………………………………………… 10

- 2.1.1 せん断加工の特性と種類 …………………………………… 10
- 2.1.2 各 部 名 称 …………………………………………………… 11
- 2.1.3 変 形 過 程 …………………………………………………… 12
- 2.1.4 せ ん 断 線 図 ………………………………………………… 17
- 2.1.5 せん断機構の理論 …………………………………………… 19

2.2 せん断荷重とせん断エネルギー ……………………………………… 22
- 2.2.1 せ ん 断 荷 重 ………………………………………………… 22
- 2.2.2 せん断エネルギー …………………………………………… 26
- 2.2.3 側 方 力 ……………………………………………………… 28
- 2.2.4 押込み力とかす取り力 ……………………………………… 29

2.3 せん断製品の切口面 …………………………………………………… 29
- 2.3.1 クリアランスと切口面 ……………………………………… 29
- 2.3.2 工具条件と切口面 …………………………………………… 31
- 2.3.3 加工条件と切口面 …………………………………………… 34
- 2.3.4 材料特性と切口面 …………………………………………… 35

2.4 せん断製品の寸法精度と湾曲 ………………………………………… 36
- 2.4.1 寸 法 精 度 …………………………………………………… 36
- 2.4.2 湾 曲 ………………………………………………………… 41

引用・参考文献 …………………………………………………………… 44

3. 工 具 寿 命

3.1 工 具 摩 耗 ……………………………………………………………… 46
- 3.1.1 せん断加工における工具摩耗 ……………………………… 46
- 3.1.2 工具切れ刃の摩耗形状 ……………………………………… 46
- 3.1.3 工具切れ刃の摩耗機構 ……………………………………… 48
- 3.1.4 工具刃先の欠損 ……………………………………………… 52
- 3.1.5 工具摩耗に及ぼす工具条件の影響 ………………………… 53
- 3.1.6 工具摩耗に及ぼす加工条件の影響 ………………………… 58
- 3.1.7 加工力に及ぼす工具摩耗の影響 …………………………… 62
- 3.1.8 製品性状に及ぼす工具摩耗の影響 ………………………… 63

3.2 かえり……………………………………………………………… 64
3.2.1 かえりの形状………………………………………………… 64
3.2.2 かえりの発生機構……………………………………………… 65
3.2.3 かえり高さと工具摩耗……………………………………… 67
3.2.4 欠損とかえり…………………………………………………… 69
3.2.5 加工条件とかえり……………………………………………… 69
3.2.6 表面処理とかえり……………………………………………… 70
3.2.7 かえりの処理…………………………………………………… 71
3.3 かす上がり，かす詰り……………………………………………… 72
3.3.1 問　題　点……………………………………………………… 72
3.3.2 発　生　原　因………………………………………………… 73
3.3.3 対　　　策……………………………………………………… 76
引用・参考文献………………………………………………………… 78

4. 精密せん断加工

4.1 精密せん断加工の目的…………………………………………… 80
4.2 ファインブランキング…………………………………………… 81
4.2.1 加 工 の 概 要…………………………………………………… 81
4.2.2 加　工　機　構………………………………………………… 83
4.2.3 金　　　型……………………………………………………… 85
4.2.4 加　工　事　例………………………………………………… 88
4.3 各種精密せん断加工……………………………………………… 89
4.3.1 仕 上 げ 抜 き…………………………………………………… 89
4.3.2 シェービング…………………………………………………… 93
4.3.3 対向ダイスせん断法…………………………………………… 97
4.3.4 かえりなしせん断法…………………………………………… 102
4.3.5 だれなしせん断加工…………………………………………… 107
4.4 微細部品のせん断加工…………………………………………… 107
4.4.1 加　工　の　特　徴…………………………………………… 107
4.4.2 リードフレーム打抜きにおける形状不良…………………… 108

4.5 棒管材のせん断加工 …………………………………………………………… 114
　4.5.1 冷間鍛造用素材取りとしての慣用棒材せん断法 ………………… 114
　4.5.2 高速せん断法 ……………………………………………………… 120
　4.5.3 拘束せん断法 ……………………………………………………… 125
　4.5.4 管材のせん断法 …………………………………………………… 125
引用・参考文献 ………………………………………………………………………… 128

5. 特殊材料のせん断加工

5.1 難加工材のせん断加工 ……………………………………………………… 131
　5.1.1 高強度鋼板 ………………………………………………………… 131
　5.1.2 マグネシウム合金板 ……………………………………………… 140
　5.1.3 アモルファス合金箔 ……………………………………………… 143
　5.1.4 セラミックグリーンシート ……………………………………… 147
5.2 プラスチック材料のせん断加工 …………………………………………… 148
　5.2.1 熱可塑性プラスチック …………………………………………… 149
　5.2.2 プラスチック複合材料 …………………………………………… 154
　5.2.3 樹脂複合鋼板のせん断加工 ……………………………………… 163
引用・参考文献 ………………………………………………………………………… 165

6. せん断型

6.1 型設計 ………………………………………………………………………… 167
　6.1.1 せん断型の種類と等級 …………………………………………… 167
　6.1.2 せん断荷重・かす取り力の計算 ………………………………… 168
　6.1.3 クリアランスの選定 ……………………………………………… 171
　6.1.4 抜きレイアウト設計と工程設計 ………………………………… 172
　6.1.5 型構造の設計と機能 ……………………………………………… 174
　6.1.6 パンチ・ダイの設計 ……………………………………………… 177
　6.1.7 ストリッパーの設計 ……………………………………………… 179

6.1.8　材料ガイド・パイロットの設計 …………………… 180
　6.1.9　ダイセット，ガイドポスト，ガイドブシュの設計 …… 181
　6.1.10　ミスフィード対策 ………………………………… 182
　6.1.11　型部品の規格と設計 ……………………………… 183
　6.1.12　精密抜き型，簡易型 ……………………………… 184
6.2　型　材　料 …………………………………………… 185
　6.2.1　鉄　鋼　材　料 …………………………………… 185
　6.2.2　超硬合金材料 ……………………………………… 186
　6.2.3　超硬合金の種類と特性値 ………………………… 188
　6.2.4　型用超硬合金材種の選び方 ……………………… 191
　6.2.5　セラミックス材料 ………………………………… 192
　6.2.6　表　面　処　理 …………………………………… 193
6.3　型　　製　　作 ………………………………………… 194
引用・参考文献 ……………………………………………… 196

7. せん断機械

7.1　プレス機械 ……………………………………………… 197
　7.1.1　せん断加工に用いられる材料 …………………… 198
　7.1.2　せん断加工時の加工温度 ………………………… 199
　7.1.3　プレス機械以外の機械によるせん断加工 ……… 199
　7.1.4　せん断加工に用いられる設備 …………………… 200
　7.1.5　サーボプレス ……………………………………… 212
7.2　タレットパンチプレス ………………………………… 214
　7.2.1　本体と機能 ………………………………………… 214
　7.2.2　付　加　機　能 …………………………………… 216
　7.2.3　パンチング金型 …………………………………… 219
　7.2.4　成形用金型 ………………………………………… 219
　7.2.5　複合機，複合加工 ………………………………… 221
7.3　素材のせん断加工機械 ………………………………… 222
　7.3.1　スリッター ………………………………………… 222

7.3.2 ギロチン式シヤー ……………………………………………… 230

引用・参考文献 ……………………………………………………………… 234

8. せん断加工の数値解析

8.1 せん断加工変形解析の特徴 ……………………………………………… 235
  8.1.1 せん断加工変形解析の目的 ………………………………………… 235
  8.1.2 せん断加工変形解析の課題 ………………………………………… 236
8.2 要　素　配　置 …………………………………………………………… 237
  8.2.1 アダプティブメッシング …………………………………………… 237
  8.2.2 リメッシング ………………………………………………………… 239
8.3 FEM における亀裂の表現 ……………………………………………… 239
  8.3.1 節 点 分 離 法 ……………………………………………………… 240
  8.3.2 要 素 除 去 法 ……………………………………………………… 240
  8.3.3 ボイド理論に基づく方法 …………………………………………… 241
  8.3.4 その他の手法 ………………………………………………………… 241
8.4 延性破壊条件 ……………………………………………………………… 242
  8.4.1 積分型延性破壊条件式 ……………………………………………… 242
  8.4.2 ボイド理論に基づく方法 …………………………………………… 243
8.5 せん断加工の有限要素解析事例 ………………………………………… 246
  8.5.1 慣用せん断の変形解析 ……………………………………………… 246
  8.5.2 工具刃先の取扱い …………………………………………………… 246
  8.5.3 亀裂発生および進展予測 …………………………………………… 247
  8.5.4 精密打抜き（ファインブランキング）の変形解析 ……………… 248

引用・参考文献 ……………………………………………………………… 249

索　　　引 ………………………………………………………………… 251

1 せん断加工の役割

1.1 切断加工としてのせん断加工

　多くの製品や部品を製造する際に,「切る」という工程は最も基本的な加工法である．素材から切断されてそのまま部品として完成するものもあれば,後工程を経て最終部品となるものも多い．例えば,薄鋼板の製造においては,連続鋳造スラブは切断と圧延が繰り返されてコイル材になる．さらに,この薄鋼板が自動車ボデーに使われる場合,一度輪郭切断された後,深絞り成形され,さらに穴あけや縁取り切断されて成形工程を終了する．このように,最終的に部品の仕上がりまでには幾度となく切断が繰り返されている．これらの切断工程は,ほとんどの場合,せん断加工によって行われている．

　さて,切断加工法としてはいろいろな加工法があるが,大別すると**表1.1**のように除去切断と破壊切断に大別できる．除去切断は,材料の一部を除去することにより切断分離するものである．除去切断のうち,機械的除去切断法は,工具を使って材料を少しずつ除去する切断法で,切削加工,砥粒加工およ

表1.1　各種切断加工法

切断加工	除去切断	機械的 ── 切削,砥粒加工,ウォータージェット 熱 的 ── 溶断,レーザー,電子ビーム,放電 化学的 ── エッチング
	破壊切断	引張り,曲げ せん断 ナイフ刃切断

びウォータージェット加工などがこれに当てはまる．熱的除去加工は，熱によって材料を溶融または蒸発気化させて除去する切断法で，ガス，プラズマ，摩擦熱などによる溶断，さらに放電，レーザー，電子ビーム加工などがある．化学的除去切断法は，腐食や化学的溶融によって材料を部分的に除去する切断法で，エッチングがこれに相当する．

　これに対し破壊切断は，材料そのものに力を加えて破壊させ切断分離する方法である．最も基本的な破壊切断法は引張破断切断であり，曲げ破断も引張破断の一種といえる．ナイフ刃切断も，ナイフ刃を材料に押し込むことによる切れ刃先端付近の材料の引張破断といえる．本書で扱うせん断加工は，これら各種の切断法のうち破壊切断法の一つであり，せん断破壊切断に相当する．

　せん断加工を他の切断法と比較してみよう．破壊切断と除去切断との違いであるが，破壊切断ではまず除去される材料くずが発生しない点が挙げられる．さらに，破壊切断では文字どおり切断面が破壊面で構成され，一方，除去切断では除去加工面で構成される．しかし，何といっても実際作業上の差異は，除去切断では徐々に材料除去を行うのに対し，破壊切断は工具を用いて一挙に切断が行われ，きわめて効率的な点であろう．各種破壊切断のなかでは，せん断加工は，一対の工具をもって材料にせん断変形を与えて挟み切るものである．他の引張りや曲げ破壊切断においては，破面状態の寸法や形状の制御が困難であるのに対し，せん断破壊切断はせん断工具を用いることにより，切断輪郭や切断面性状を比較的正確に制御できる点に特長がある．

1.2　せん断加工の分類と適用例

　せん断加工は，一対の工具により材料を挟んで切断する方法であるが，工具の動きにより，上下動によるプレスせん断と回転動によるせん断に大別できる．

　回転動のせん断加工にも，プレスせん断に似たドラムシヤーとロールシヤーの２種類がある．金属素材の製造工程は，前述したように圧延，押出し，引抜きなどの塑性加工と切断の繰返しであるが，この切断はおもにせん断加工によ

り行われる.素材製造におけるせん断形式を分類すると**表1.2**のようになる.このような各種せん断加工法は,鋼板の製造の例を挙げればつぎのようになる.まず,連鋳スラブがプレスせん断され,厚板圧延された後に所要の寸法にせん断されるとともに,先端と後端のスクラップ部はせん断により縁切りされる.熱延材や冷延材は,縁切りやスリッティングなどにより板やコイル材となる.この間にプレスシヤー,ドラムシヤーおよびロールシヤーが多用される.さらに,これらの板材がロール成形によりパイプ材や形材に成形されても,これら成形形材もまたプレスシヤーにより定尺サイズに切断される.

表1.2 素材製造におけるせん断形式[1]†

名　称	せん断形式		被加工材の相対動き
プレスシヤー		通常プレスシヤーと同様であり,長さ切りが主であるが,厚板では幅切りにも用いられる.走行せん断のためには工具を被加工材の送りに合わせて動かす必要がある.	静止
ドラムシヤー		回転ドラムにつめ状の刃を付け,回転によって生ずる刃の上下動を使い,刃が合わさった時点でせん断する.走行状態での長さ切りに使用される.	走行
ロールシヤー		たがいにかみ合う上下ロールに挟んで,ロール刃で連続的にせん断する.スリッター,トリマーなど,板材の幅方向のせん断に用いられる.	走行
棒,線,管材のプレスシヤー		プレスシヤーと同様であるが,素材断面の変形を少なくするため,切れ刃は断面形状に近い形をしている.長さ切りに用いられるが,板の成形形材や管材では両面せん断型も用いられる.	静止

素材製造におけるせん断加工は,二次加工における通常のプレスせん断加工に比べると**表1.3**のような特徴がある.また,二次加工としてのプレスせん

---

† 肩付き数字は,章末の引用・参考文献番号を表す.

表1.3 素材製造と二次加工におけるせん断加工

(a) 素材製造におけるせん断加工の特徴

(1) 熱間，温間など加熱状態でのせん断加工も行われる．
(2) 厚物や広幅材がせん断加工され，せん断荷重が大きい．
(3) 材料が走行状態のままでせん断加工される．
(4) 回転刃によるせん断加工が行われる．
(5) 材料の拘束条件をきつくできない．

(b) 二次加工としてのプレスせん断加工の特徴

(1) プレスシヤーが多用される．
(2) 対象材料として薄板の打抜きおよび穴あけ加工が多い．
(3) 金属以外の材料も対象となる．
(4) 破面精度が問題となることが多い．
(5) 各種の精密せん断加工法がある．

断加工には，プレスシヤーを少しずつ行って輪郭切断を行うニブリング加工，切削的加工機構を持つシェービングや引張破断に近いナイフ刃切断なども，プレス機械が使用されることからせん断加工の範疇(はんちゅう)に含めて扱われる．

せん断加工は，ほかの切断加工に比べて非常に高能率であるため，機械部品製造においては多用される．特に，板からの切断加工では他の追随を許さない優位性がある．板材のプレスせん断の適用分野はきわめて広いが，代表的な適用例を**表1.4**に示す．

表1.4 板材のプレスせん断加工の代表的な適用例

分 野	適用例
極厚板	鋼スラブ切断などの素材製造
中厚板	車両用シャシ部品，エンジン部品
薄 板	電機部品，モーターコア，自動車車体
極薄板	ばね，箔(はく)，アモルファス箔
微細部品	リードフレーム，コネクター，時計部品
非金属	プリント基板，セラミックグリーンシート

破壊加工であるせん断加工により高精度部品を得る場合，しばしばせん断加工部品の寸法精度が問題となる．そのため，加工精度を向上するためのさまざ

まな精密せん断法が提案されている．精密せん断法は，材料の多様なせん断加工特性を利用して破壊性状の制御を試みている加工法であるが，それらをまとめると**図1.1**のようになる．これらのうち，実際に活用されている加工法は限られているが，すでに多くの試みがなされていることが理解できる．

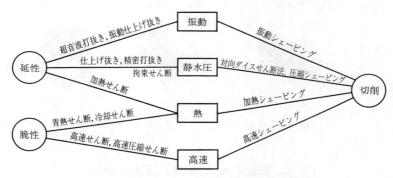

図1.1 平滑切口面を得る精密せん断法と利用現象

1.3　プレスせん断加工の分類

図1.2に，プレス機械によるおもなせん断加工を示す．抜き落とされるものが製品になり，穴側がスクラップになる加工を打抜き加工（blanking）といい，逆に穴側が製品になる加工を穴あけ加工や穴抜き加工（punching, piercing）という．特に，直径が被加工材の板厚と同程度，またはこれより小さな穴をあける加工を小穴抜きと呼ぶ．板材の加工には，これらのほかにも，二つの部材に切り離す分断加工（parting），せん断荷重を低減するためにシヤー角を設けた工具により広幅の材料を切断するシヤーリング（shearing），板材の一部分に切込みを入れる切込み加工（notching），そして深絞り加工などにより成形された製品や部品の不要な縁部を切除する縁取り加工（trimming）などがある．

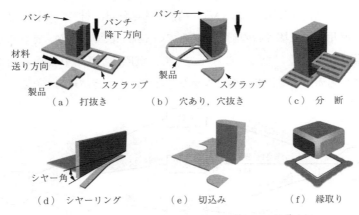

図1.2 プレス機械によるせん断加工の分類[2]

1.4 最近のせん断加工技術の傾向

1.4.1 打抜き品の軽薄短小化

打抜き部品の大きな用途に家電機器,情報・事務機,精密・測定機器がある.これらの機器は電子化されるとともに小形化が進み,当然使用される機械部品も軽薄短小化が進み,打抜き品寸法もそれに応じて小さくなっており,加工に用いられる金型も小形化している.

1.4.2 半導体関連の電子部品の打抜き

半導体周辺部品であるリードフレームやコネクターといった多くの部品もプレスせん断により大量生産されている.これらの部品は形状的にも微細化や複雑化し,高度な打抜き技術が要求される.この分野は生産量が多く順送型の使用が一般的になっており,抜き型は高精度化し,金型の製作技術がますます重要になっている.

1.4.3 打抜きを含めた複合加工

薄板以外のやや厚物の打抜きは,自動車部品を中心として多く使用されてい

る．従来，鋳造や鍛造で作られていた部品が，軽量化やコストダウンの目的で板のプレス部品に替わっているが，これら加工は打抜きと絞りや，曲げや圧縮加工が複合化されることが多い．絞りや曲げや打抜きの組合せは薄板部品の加工においても同様である．これら加工には，自動化のための順送型やトランスファープレスが使用されるため，金型の設計技術や搬送の自動化に高度な技術を要する．最近では，スライドのモード設定が容易に行えるサーボプレスの活用により，複合加工がより効率良く行えるようになっている．

1.4.4 新素材加工

高強度鋼板，CFRP，ファインセラミックスなどの新素材が登場しているが，せん断加工は他の塑性加工と違ってある程度の脆性材料でも加工可能であるため，新素材も打抜きの対象材料となる．工具摩耗や微小クリアランスの問題などの技術的困難さが存在するものの，それなりの工夫をしてせん断加工が行われている．

1.4.5 自動化と高速化

コストダウンを目的に，自動化の努力は徹底して行われている．このため順送型が一般化し，さらに素材はコイル材による供給が多く行われるようになった．また，大量生産では高速プレスやサーボプレスを利用した高ストローク数による加工が一般化している．さらに，モーターコアなどの打抜きでは，金型内で自動組立て（積層）も行われている．

1.4.6 多品種少量生産

多品種少量生産の打抜きには，タレットパンチプレスが広く用いられている．少量生産では一部レーザー加工と競合するが，レーザーとタレットパンチプレスを組み合わせた複合加工機も存在している．また，コンピュータ制御により打抜き，曲げ，穴広げなどが行える板金成形加工システムも登場している．さらに，一般プレス加工においても，異なる金型や素材をあらかじめ準備

した生産計画により自動的に供給することにより，多品種少量生産を実現する方法も提案されている．

1.5 金型技術

打抜き技術は，現場で使用する工具である金型の工具材質や製作精度によって決まるとさえいわれている．最近のせん断加工技術の発展には，金型に関連する技術の発展が最も大きく寄与している．

1.5.1 金型材料

被加工材が硬質であったり，板厚に比べ穴径が小さい小穴抜きなどでは，パンチがきわめて厳しい加工条件にさらされる．そのため，刃先の摩耗，チッピング，折損といったトラブルがしばしば発生する．摩耗に対しては超硬合金の採用が威力を発揮するが，チッピングや折損を起こしやすいパンチや複雑輪郭形状の場合は，ダイス鋼から高速度鋼へ，HIP処理した粉末高速度鋼の利用といった対策がとられる．耐摩耗性向上のための対策として，表面拡散処理や硬質膜コーティング[3]なども一般化している．さらに，耐摩耗性向上のための新たな方法として，セラミックス[4]や焼結ダイヤモンド（PCD）[5]製工具の利用が試みられている．

1.5.2 金型製作

金型製作において最も重要なのは精度である．ワイヤ放電加工は，金型製作の困難さを大幅に簡易化することに貢献している．現在では，ゼロクリアランス金型や最も精度を要するといわれてきたファインブランキング金型でさえも，ワイヤ放電加工により製作されている．このほかにも，ジグ研削盤などの金型用工作機械の進歩が金型製作の革新に果たした役割は大きい．金型のCAD/CAMも，抜き型が最初の適用例であり，現在でもこれにCAEを加えた金型設計の手法は一般化したものとなっている．今後も無人化のための金型や

複雑な順送型が多用されるようになることを考慮すると，これら金型製作において CAD/CAM/CAE の果たす役割は大きなものになっている．また，多品種少量生産の時代では，金型製作の合理化や迅速化が重要である．最近では，標準金型部品の供給が整備されており，金型製作におけるコスト低減や迅速化が進んでいる．

1.6 プレス機械

スライドの制御が可能な NC サーボプレス機械[6]〜[9]や，動的精度に優れた高剛性プレス機械が市販されるようになった．これらプレス機械とこれらプレスに適した金型の利用により，加工の高能率化，加工限界の向上さらには製品精度の向上が実現できるようになり，従来機械加工などにより製造されていた機械部品がプレス加工により製造できるようになるなど，付加価値の高い部品の工法転換も実現されている．また，サーボプレス機械や高剛性プレス機械の利用は，金型工具の寿命向上にも大きな効果をもたらしている．

引用・参考文献

1) 中川威雄：塑性と加工, **20**-219 (1979), 283-287.
2) 古閑伸裕ほか：プレス打抜き加工, (2002), 2, 日刊工業新聞社.
3) 片岡征二ほか：塑性と加工, **54**-626 (2013), 215-219.
4) 玉置賢次ほか：同上, **54**-626 (2013), 230-234.
5) 古閑伸裕ほか：同上, **57**-660 (2016), 41-46.
6) 坂口稔ほか：プレス技術, **48**-11 (2010), 44-46.
7) 村田力：同上, **48**-11 (2010), 47-49.
8) 森孝信：同上, **48**-11 (2010), 50-54.
9) 網野雅章ほか：同上, **48**-11 (2010), 55-57.

2 せん断加工特性

2.1 加 工 現 象

2.1.1 せん断加工の特性と種類

　一般の塑性加工は，被加工材料に破壊を起こさせない範囲の塑性変形を与えて所望の形状や寸法の製品を得ようとする加工であるが，せん断加工では，ほとんどの場合，被加工材料を破断領域までもっていき，製品を原材料から分離して得る加工である．すなわち，破壊領域の加工であるが，材料分離までの変形過程は破壊を主とする加工ではなく，せん断切口面を形成していく過程は一つの塑性変形過程であり，延性の高い材料の場合は破壊を生じさせることなくせん断切口面が形成される場合もある．

　せん断加工における特性は，得られる製品に着目すると，切口面の性状，寸法精度，かえり，反り（湾曲）や変形などがあり，加工する作業面に着目すると，加工荷重，金型寿命，かす上がり，かす詰りなどがある．これらの特性に影響を及ぼす因子は，被加工材料の特性，工具条件，製品形状，加工速度，潤滑などである．これら因子が影響し合ってせん断加工の特性が変化する．特性と要因との関係を理解するには，破壊までのせん断変形の過程を把握する必要がある．

　せん断加工には，図1.2に示すように，多くの種類に分類できる．ここでは，最も一般的な打抜きや穴あけにおける材料の変形過程を詳細に述べ，せん断加工の特性を説明する．

2.1.2 各部名称

せん断加工に利用される工具の例として，打抜き金型を構成する部品の名称を図2.1に示す．打抜き工具は基本的にはパンチ，ダイ，板押え（ストリッパー）から構成される．通常はダイ端面上に被加工材料を置き，ストリッパーにより一定の板押え力を負荷した状態でパンチを下降させて加工を行う．パンチとダイの輪郭はほぼ同一の形状であるが，これらの間には一定の隙間を設ける．この隙間を（工具）クリアランスと呼ぶ．

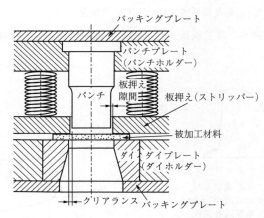

図2.1 打抜き工具（金型）の構成と部品の名称

図2.2にせん断加工により得られる切口面の形状と各部の名称を示す．一般的なせん断加工により得られる切口面は，だれ，せん断面，破断面，かえり

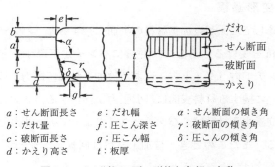

a：せん断面長さ　　e：だれ幅　　　α：せん断面の傾き角
b：だれ量　　　　f：圧こん深さ　γ：破断面の傾き角
c：破断面長さ　　g：圧こん幅　　δ：圧こんの傾き角
d：かえり高さ　　t：板厚

図2.2 せん断切口面の形状と各部の名称

により構成される．

2.1.3 変形過程

図 2.3 に示す模式的なせん断荷重‐パンチストローク線図からもわかるように，せん断加工は非定常な塑性変形過程をたどる加工である．加工開始時には，パンチとダイにより被加工材料を挟み付ける圧縮変形過程があり，その後にせん断荷重が増大し，被加工材料内部ですべりを起こすせん断変形過程へと移行する．そして，最大荷重を過ぎた直後に亀裂（クラック）が発生し始め，これがその後成長する亀裂成長過程を経て，破断分離過程へと進み加工が終了する．

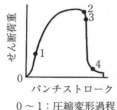

0〜1：圧縮変形過程
1〜2：せん断変形過程
2〜3：亀裂成長過程
3〜4：破断分離過程

図 2.3 せん断過程とせん断荷重

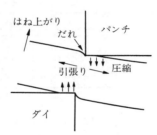

図 2.4 圧縮変形過程の応力状態

〔1〕 圧縮変形過程

パンチが下降して端面が被加工材料の上面に接すると，パンチとダイは被加工材料から抵抗を受ける．そして，さらにパンチが下降すると，**図 2.4** に示すように，パンチ下方（ダイ上方）にある被加工材は圧縮力を受け，パンチ側面（ダイ側面）に接する材料表面には引張力が作用する．このため，パンチとダイの側面に位置する材料は，パンチとダイによって引っ張り込まれ，だれの形成が開始する．またこのとき，被加工材料は回転しようとする．すなわち，ダイ上方の材料ははね上がろうとする．

パンチがさらに下降すると，パンチ刃先とダイ刃先とを結ぶ面上のせん断応力が大きくなり，せん断すべりが発生するようになる．このすべりが開始するまでの過程が圧縮変形過程である．

パンチやダイの被加工材料への食込みが大きくなるにつれ，だれも増大する．この現象は，荷重が最大値を示すストロークまで続く．なお，だれの発生により材料の一部が消失したように思われるが，実際にはクリアランス部でこの大部分が消費されるため，クリアランスが大きくなるほどだれも大きくなる．また，だれは加工硬化指数（n値）が大きな材料ほど大きくなる．

〔2〕 **せん断変形過程**

材料内にすべり変形が生じるようになると，パンチ下方の被加工材料はダイ内に押し出され，パンチの下降とともにすべり変形が継続する．この間，せん断荷重も増加する．このとき，被加工材内部には，**図2.5**に示すような曲げモーメントGと引張力Tが発生し，この引張力は曲げモーメントが大きくなるに従い増大する．この曲げモーメントにより，板材には曲げ力が作用する．これにより発生した曲げ変形が打抜き後に残留すると，製品の「湾曲」となる．クリアランスが大きいほど曲げモーメントは大きくなるため，クリアランスの増加につれて湾曲は大きくなる．**図2.6**にこの定性的な傾向を示す．引張力Tは打抜き後には開放されるため，通常のクリアランスの場合は，打ち抜かれた製品の外径D_oは，ダイの内径D_dより小さくなり，穴径D_iはパンチの外径D_pより大きくなる．なお，製品寸法に及ぼす因子はこのほかにもあり，詳細は2.4節にて説明する．

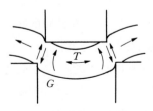

図2.5 せん断変形過程の応力状態

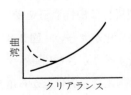

図2.6 クリアランスと湾曲（定性的な傾向）

一方，クリアランスが小さい場合には曲げモーメントが小さく被加工材料のはね上がりも小さくなるため，発生する引張力は小さくなる．しかも，パンチ刃先とダイ刃先の間に材料が押し込まれるため，せん断変形部には圧縮力が生じる．この圧縮力は打抜き後に開放されるため，クリアランスが小さい場合には D_o は D_d より大きくなり，D_i は D_p より小さくなる．図 2.7 にその定性的な傾向を示す．また，クリアランスが極端に小さい場合には，打ち抜かれた製品がダイ穴を通って落下していく際に，切口面がダイ側面にこすられながら移動し，この間に製品に付加的に大きな湾曲を発生させるため，図 2.6 の破線で示すように，湾曲が大きくなる場合がある．

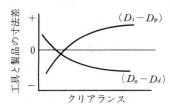

D_i：製品穴径　D_p：パンチ外径
D_o：製品外径　D_d：ダイ内径

図 2.7　クリアランスと寸法差
（定性的な傾向）

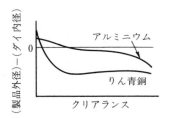

図 2.8　材質と寸法差

このように，せん断過程中には被加工材料は板面方向に引張力や圧縮力を受けながら変形するが，その程度はクリアランスのみならず，被加工材料の材質によっても異なる．すなわち，軟質材は外力による塑性変形の範囲が大きいため，応力の開放による弾性回復量が小さくなり，寸法変化量は小さい．これに対し，硬質材は塑性変形を受ける範囲が小さいため，弾性回復量が大きくなり，寸法変化が大きい．図 2.8 にその定性的な傾向を示す．

せん断すべりがさらに進行すると，被加工材料内に発生する引張力もより大きくなり，工具刃先付近から亀裂が発生する．せん断すべりが開始して亀裂が発生するまでの過程がせん断変形過程であり，亀裂が発生する直前にせん断荷重が最大となる．この過程で生成される切口面は平滑な面であり，せん断面と

2.1 加工現象

呼ばれる．クリアランスが大きくなると，図2.9に示すように，すべりが始まる時期が遅れるばかりでなく，曲げモーメントによる引張力が大きくなるため，亀裂の発生する時期が早まり，せん断面の切口面に占める割合が小さくなる．

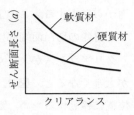

図2.9 クリアランスとせん断面長さ

〔3〕 亀裂成長過程

パンチの刃先付近においては，ダイ端面上にある被加工材料のはね上がりにより，被加工材料の内部に発生した引張力が幾分緩和され，パンチ刃先付近に発生した引張力はダイ刃先付近のそれよりも小さくなる．すなわち，亀裂はまず引張力の大きなダイ側から発生し，パンチが下降するにつれてパンチ側からも発生するようになる．両工具の刃先付近では，あたかも被加工材料のなかに，くさびが打ち込まれるようになる．くさびの効果は被加工材板面に対し，くさびの中心線が垂直に近づくほど大きくなり，破断に必要な荷重は小さくなる．すなわち，クリアランスが大きいほど亀裂の発生時期が早まる．亀裂発生時期はダイ刃先付近のほうが早いため，抜き落とされる製品側の切口面のほうが穴側の切口面より，せん断面の占める割合が幾分小さくなる．

パンチやダイの刃先付近は，引張力と圧縮力との境界になるため，刃先先端部に発生する引張力は，刃先先端よりも側面に沿って少し離れた位置で最大となる．このため，図2.10に示すように，亀裂は工具刃先先端ではなく刃先側

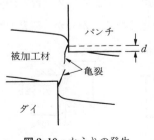

図2.10 かえりの発生

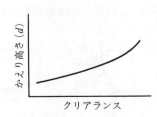

図2.11 クリアランスとかえり高さ

面から発生する．このように，亀裂の発生点がずれるため，被加工材料のだれと反対側の切口面端部に「かえり」が発生する．

クリアランスが大きくなるにつれて，ダイ端面上の被加工材料のはね上がりが大きくなると，図 2.11 に示すように，亀裂の発生位置が刃先から遠ざかる位置に移動するため，かえり高さは増大する．また，刃先が摩耗すると亀裂の発生位置が刃先から遠くなり，かえり高さが増大するようになる．

〔4〕 **破断分離過程**

さらにパンチが下降すると，応力集中によって亀裂はより小さな力で成長する．この時期から荷重は急激に減少し，最終的にはパンチとダイのそれぞれの刃先から発生した亀裂が会合して被加工材料が分離し，荷重がほぼ 0 付近まで低下する．亀裂の成長方向がパンチとダイの刃先を結ぶ直線とほぼ一致する場合が，クリアランスが適正条件であり，亀裂が正しく会合して凹凸の小さな破断面が形成されながら破断分離が行われる．しかし，クリアランスが過小の場合は，パンチやダイの刃先付近から発生した亀裂は途中で停留することがある．これはクリアランスが過小であるため，変形領域の静水圧が大きくなり，亀裂の成長ができなくなるためである．この状態でパンチが下降すると再びせん断（二次せん断）が開始され，別の亀裂が発生して分離に至る．この現象が複数回繰り返される場合は三次，四次のせん断面が形成される．このようにしてせん断された切口面は，それぞれのせん断面間に破断面が発生するが，せん断面の切口面に占める割合は大きくなる．また，クリアランス過小では，亀裂の発生方向が交わると，図 2.12（c）に示すようなタング（舌）が発生する場合がある．このタングは切口面の外観が悪くなるばかりか，脱落して機器の

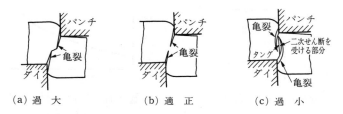

図 2.12　クリアランスによる亀裂成長の差異

トラブルを招く原因となることから製品不良とみなされることが多い．

クリアランスが過大の場合はだれが大きくなるので，亀裂発生時点での実質加工板厚は小さくなる．このようなことも原因し，図2.12（a）に示すように，亀裂の食い違いが生じる．場合によってはパンチ，ダイのいずれの刃先付近から発生した亀裂のみによって材料分離が行われることもあり，この場合は巨大なかえりが発生しやすい．

ストリッパー（板押え）を用いると，ダイ端面上の被加工材料のはね上がりが抑制されるため，クリアランスが小さい場合と同様の傾向となる．また，鋭角部を持つ輪郭の製品の打抜きにおいても，この周辺の被加工材料の拘束が大きくなるため，クリアランスが小さい場合と同様の傾向となる．材料の桟幅（抜きかすの最小幅）が小さい場合には，材料のはね上がりが顕著となり，クリアランスが大きい場合と同様の傾向を示す．

2.1.4 せん断線図

せん断加工時のせん断荷重とパンチストロークとの関係を示す線図がせん断線図である．加工の進行に伴い加工硬化が進み，加工に要する力が増加する．同時に加工すべき実質的（残留）板厚が加工の進行とともに減少する．これらの影響がバランスした地点が最大荷重点（最大せん断荷重）となる．クリアランスと材料によるせん断線図の相違を**図2.13**に模式的に示す．

脆性材料の場合は亀裂が発生すると瞬時に亀裂が会合して破断に至る．この

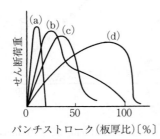

（a）脆性材料，クリアランス適正
（b）延性材料，クリアランス過小
（c）延性材料，クリアランス適正
（d）延性材料，クリアランス過大

図2.13 材料とクリアランスによるせん断線図の相違

場合，クリアランスの影響は小さい．逆に延性材料ではクリアランスの影響が大きい．すなわち，適正なクリアランスでは亀裂の会合が直線的になされるため，最大荷重点を過ぎても順調に加工が進行し，板厚の60%程度のパンチストロークでせん断加工が終了する．しかし，クリアランスが過小の場合は，早期に最大荷重点に達するものの亀裂の会合がなされないため，せん断変形過程が長く続き，板厚付近のパンチストロークで材料分離が完了する．また，クリアランスが過大のときは，応力集中が十分ではないため，すべりが生じにくく圧縮変形過程が長く，最大荷重点はストローク後方へずれ，被加工材料の板厚に近いパンチストローク地点で最大荷重に達する．

図2.14 に各種材料のせん断線図を示す[1]．これらはゼロに近い小さなクリアランスの場合の例であるため，図2.13中の（b）に示す線図と同様の線図が多い．

延性が低い軟鋼（2）では，亀裂が発生した直後に荷重が急激に低下し，板厚の25%程度までパンチが食い込んだ時点で亀裂が会合し，材料分離が完了

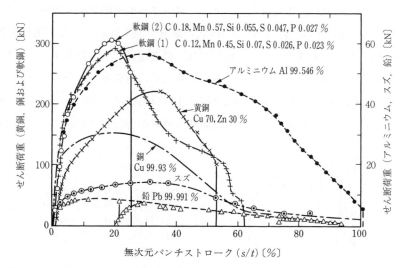

図2.14　各種材料のせん断線図の例[1]（厚さ12.5 mm，幅38.1 mm，長さ305 mmの材料を間隔127 mmの平行直線刃で両端固定してクリアランス0でせん断した場合）

している.延性が高い軟鋼（1）や黄銅では,板厚の20～40％のストローク時点で亀裂が発生し,板厚の50～60％までパンチが食い込んだ段階で材料分離が行われている.より延性の高い銅やアルミニウムでは,板厚程度のストロークまでパンチが食い込んだ時点で分離が完了している.スズや鉛のように,さらに延性の高い材料では,だれ変形の後に亀裂の発生が認められず,工具側面に接する材料面のせん断変形が進行し,加工終期にパンチ食込みによる引張力を受け,工具側面から離れ,くびれ変形を伴って分離する.

2.1.5　せん断機構の理論 [2),3)]

パンチとダイを用いる慣用せん断の理論解析は,被加工材料の塑性変形がきわめて複雑なため,単純な変形モデルを用いた解析が行われている.この理論では,両端支持により支えられた薄板のせん断過程の亀裂が発生する以前までを対象としており,過程初期の単純せん断期と,その後の薄層せん断期の2段階に分けて解析が行われている.さらに問題を簡素化するため,便宜上被加工材料は剛塑性体材料と仮定している.また,上下工具の刃先はたがいに平行な直線から成るものとし,変形は平面ひずみ状態で行われるものとする.このような仮定の下,すべり線の理論によって解析が行われている.

〔1〕　せん断過程の初期（単純せん断期）

図 2.15 に示すように,せん断過程の初期においては,クリアランス部分の材料に単純せん断変形が生じると考えると,せん断荷重 P はせん断抵抗を k_s とすると

$$P = k_s \cdot t \cdot l \quad (\text{ただし,} t \text{は板厚,} l \text{はせん断長さ}) \tag{2.1}$$

となる.パンチストローク S におけるせん断ひずみ γ は,クリアランスを C とすると

$$\gamma = \frac{S}{C} \tag{2.2}$$

により求めることができ,実験により $k_s = f(\gamma)$ の関係[2)]が求まれば,P を解

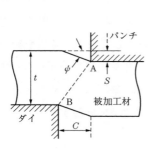
図2.15 せん断過程の初期

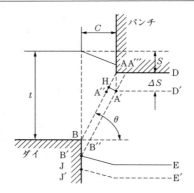
図2.16 せん断過程の後期

析的に求めることができる．

〔2〕 **せん断過程の後期（薄層せん断期）**

これは前述のせん断面が形成される過程に相当する．すなわち，せん断面が形成されるようになると，クリアランス部の材料はもはや一様なせん断変形ではなく，図2.16に示すように，両刃先を結ぶ薄い層 AA‴B″B でせん断変形を起こすようになる．さらに，パンチストロークが ΔS だけ増加すると，この薄い層が AA′B′B にせん断変形し，パンチ下方の材料は AB に平行に $\Delta S \cdot \mathrm{cosec}\,\theta$ だけ剛体運動する．ここで工具側面と被加工材料との摩擦を無視すると，外力と内力の仕事増分の釣合いから，この場合のせん断荷重 P' を求めることができる．

$$P' \cdot \Delta S = k_s \cdot \mathrm{AB} \cdot \Delta S \cdot \mathrm{cosec}\,\theta \tag{2.3}$$

$$\therefore P' = \frac{2k_s \cdot C}{\sin 2\theta} \tag{2.4}$$

この間に発生するせん断ひずみ γ' は

$$\gamma' = \frac{\mathrm{A'''A'}}{\mathrm{A'H}} = \frac{\mathrm{AA''}}{\mathrm{A'H}} = \frac{\Delta S \cdot \mathrm{cosec}\,\theta}{\Delta S \cdot \cos\theta} = \frac{1}{\sin\theta \cdot \cos\theta} = \frac{2}{\sin 2\theta} \tag{2.5}$$

となる．通常の場合，$\pi/4 < \theta < \pi/2$ であるため，S の増加とともに θ が小さくなり，$\pi/4$ に近づくので，式(2.5)より γ' は小さくなり，AB面に沿った

せん断変形はより容易になることが理解できる．なお，簡単な幾何学的関係から，式 (2.6) により γ' を求めることもできる．

$$\gamma' = \frac{2}{\sin 2\theta} = \frac{C^2 + (t-S)^2}{C(t-S)} \tag{2.6}$$

式 (2.5)，(2.6) を用いれば，$k_s = f(\gamma')$ の関係からパンチストローク S におけるせん断荷重 P' を求めることができる．

式 (2.1)，(2.4) から求めた荷重の計算結果の例を**図 2.17** に示す．せん断過程初期においては $P<P'$ であることから，単純せん断変形が起こるが，せん断過程の後期では $P>P'$ となるので薄層せん断へと移行することが理解できる．そして，両せん断変形段階の境界でせん断荷重が最大値を示すことや，クリアランスが大きくなるとせん断抵抗が減少することなども理解できる．実際の金属材料のせん断では加工硬化のため，せん断変形がクリアランス部以外にも及ぶため，等価クリアランス $C' = C + 0.5t$ を用いて各種材料のせん断抵抗を算出すると，実測値と上記理論で求めた解析値は 10% の誤差内で一致している．

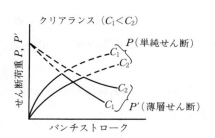

図 2.17 せん断荷重線図（理論）[2)]

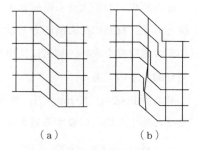

図 2.18 単純せん断期（図(a)）と薄層せん断期（図(b)）の変形[2)]

上記変形モデルを用いて被加工材料の側面に描いた正方形格子の変形を解析した結果を**図 2.18** に示す．これだけ大きな変形をしても，板の表面の繊維は切断されていない．通常の材料では，工具がある程度材料へ食い込むと，工具刃先によって材料の繊維の一部が切断される現象も認められるが，図 2.16 の

変形機構によると，材料表面 AA‴ が広がって新生面 AA′ になるので，材料内部で破壊が生じなくてもせん断変形が進行していくことになる．このようなせん断変形を FEM シミュレーションによって解析した例[4]もある．

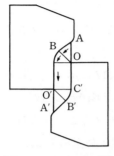

図 2.19 くびれ変形期すべり線場[3]

変形モデルには，前述のモデル以外にもさまざまなモデルが提案されている．図 2.19 は，鉛板のせん断のような延性材料のせん断後期のすべり線場モデルである．工具側面に接する材料がパンチの進行により引張力を受けることで，三角形 OAB，O′A′B′ 内の材料が OA，O′A′ 方向の平面ひずみ引張りによって図中の矢印方向に流れることで，くびれが発生して工具側面から離れる，くびれ変形機構を説明するモデルである．

2.2 せん断荷重とせん断エネルギー

2.2.1 せ ん 断 荷 重

せん断線図の最大せん断荷重をせん断切口面の総面積で除した値をせん断抵抗という．材料のせん断応力とひずみの関係から得られる値ではなく，せん断加工の総荷重を求め，加工に使用する機械の能力を推定する際の目安に用いる便宜的なものである．

せん断抵抗 k_s〔N·mm^{-2}〕，板厚 t〔mm〕の材料をせん断輪郭長さ l〔mm〕でせん断する場合に要する最大せん断荷重 P_{max} は

$$P_{max} = t \cdot l \cdot k_s \text{〔N〕} \tag{2.7}$$

により求めることができる．この式内の k_s 値は材質や硬さにより異なる．一般には表 2.1 に示すような値が用いられる．なお，k_s が不明な場合は $k_s ≒ 0.8\sigma$（σ：材料の引張強さ）と見積り概算する．

せん断仕事 A は，正確にはせん断線図の面積から求めることができるが，概算する場合は式(2.8)を用いる．

2.2 せん断荷重とせん断エネルギー

表2.1 各種金属材料のせん断抵抗と一般作業用（適正）クリアランス

材料	せん断抵抗 〔N·mm^{-2}〕	クリアランス C/t〔%〕
軟鋼	320～400	6～9
硬鋼	550～900	8～12
ステンレス鋼	520～560	7～11
銅（硬質）	250～300	6～10
銅（軟質）	180～220	6～10
黄銅（硬質）	350～400	6～10
黄銅（軟質）	220～300	6～10
アルミニウム（硬質）	130～180	6～10
アルミニウム（軟質）	70～110	5～8

$$A = Q \cdot t \cdot P_{max} \quad [\text{N·mm}^{-1}] \tag{2.8}$$

この場合，Q の値は材料によって異なるが，一般の塑性加工用材料では $Q = 0.63$ を用いる．

せん断抵抗は材質や硬さのほかに，クリアランスや材料の支持条件，せん断速度，刃先形状などの影響を受ける．**図2.20** は，$\phi 20$ の円形打抜きにおけるクリアランス，板厚とせん断抵抗の関係[5]を示したものである．一般に，クリアランスが大きくなるとせん断抵抗が小さくなる．これは，工具刃先のくさび効果が大きくなるためである．

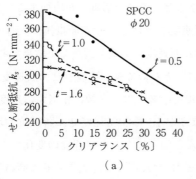
(a)

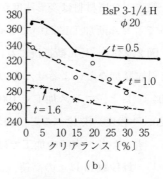
(b)

図2.20 クリアランス，板厚とせん断抵抗[5]

図 2.21 は，材料の支持条件と刃先角を変化させたときのせん断抵抗の変化[6]を示す．材料の拘束の程度が高まるほど，材料のせん断に対する抵抗が強くなる．すなわち，板押え（ストリッパー）による材料のはね上がりを抑えた両端固定のほうが，板押えを用いない両端支持の場合よりせん断抵抗が大きくなる．また，**図 2.22** に示すような刃先が鋭角な工具を用いると，材料の変形は比較的狭い領域内に限られ，刃先からの圧縮力の集中の程度が高まる．したがって，図 2.21 に示すように，刃先角が 90°より小さな工具の場合，直角な工具よりもせん断抵抗が小さくなる．

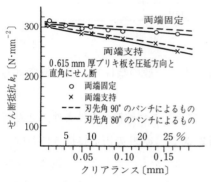

図 2.21 材料の支持条件と刃先角のせん断抵抗に及ぼす影響[6]

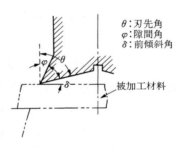

図 2.22 工具刃先の形状

　一般に，金属材料は変形速度が早くなると，その変形抵抗が増加する．したがって，せん断加工においてもせん断速度を上げるとせん断抵抗が大きくなる．**図 2.23** は，せん断抵抗に及ぼすせん断速度の影響を調査した結果である．材料試験機などによるせん断のように，きわめて遅い速度（せん断速度 $x=0.004\,\mathrm{s}^{-1}$）と，プレス加工で 190 spm 程度のストローク数に相当する速度（$x=120\,\mathrm{s}^{-1}$ 程度）を比べると，後者のほうが 10～20% 程度せん断抵抗が増加する．すなわち，実際の加工ではほとんど問題にならない程度の変化である．しかし，毎秒数 m 以上の高速（$x>10^3\,\mathrm{s}^{-1}$）せん断では，大きくせん断抵抗が増加する．

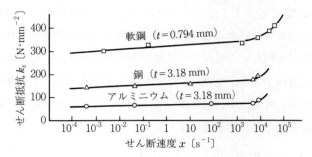

図 2.23 せん断抵抗に及ぼすせん断速度の影響[7] ($d_p = \phi 9.53$ mm, $d_d = \phi 9.58$ mm, $C = 0.025 \pm 0.005$ mm)

　熱間におけるせん断抵抗は，材料の熱間における変形抵抗の変化に応じて変化する．**図 2.24** は，せん断抵抗の温度依存性を示している[8]．一般の鋼板では，500℃付近で青熱脆性のためにせん断抵抗が極大値を示すが，その他の温度領域では温度の上昇に伴い減少する．ステンレス鋼板の場合も，青熱脆性の影響により 500℃近傍でせん断抵抗の減少傾向が一時的に緩やかになるが，温度の上昇に伴い急激にせん断抵抗が減少する．なお，このデータでは 1 000℃付近の高温下におけるせん断抵抗値が，実験誤差によりやや大きめに出ている可能性がある．

　シヤー機械を用いて行われる幅広材のせん断では，最大せん断荷重を低減す

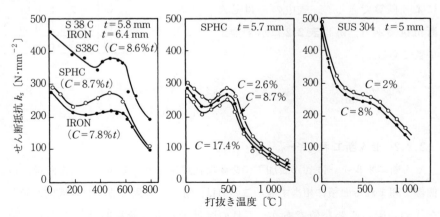

図 2.24 熱間におけるせん断抵抗の温度依存性[8]

るため，**図2.25**に示すようなシヤー角ωの付いた工具を用いた切断が行われる．このようなシヤーによるせん断では，材料が逐次的に切断されるため，慣用せん断に比べ大幅なせん断荷重の低減が図れるばかりか，せん断時の振動や騒音も大幅に低減できる．ただし，シヤー角が大きすぎると工具摩耗の進行が顕著になったり，せん断中に材料が工具端面上をすべって後退し，材料分離が行われなくなるなどの問題が発生する．

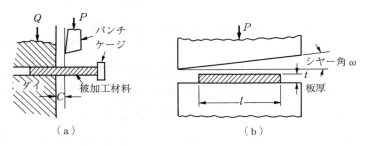

図2.25 シヤー角の付いた工具によるせん断

シヤー角の付いた工具によるせん断では，この工具が板厚分食い込むと定常状態となるため，荷重もほぼ一定となる．この（定常）せん断荷重P_ωは式（2.9）により概算できる[9]．式中のk_sはせん断抵抗であり，mは**表2.2**に示す補正係数である．

表2.2 各種材料のm値

材料	C	5% t	10% t
アルミニウム合金		0.63	0.55
銅		0.72	0.56
軟　　　　鋼		0.72	0.64
四　六　黄　銅		0.51	0.46
り　ん　青　銅		0.50	0.33

$$P_\omega = m \frac{t^2 \cdot k_s}{\tan \omega} \tag{2.9}$$

2.2.2　せん断エネルギー

せん断エネルギーはせん断加工に必要な仕事量を表しており，せん断線図の曲線で囲まれる面積に相当する．この値は，加工に使用するプレス機械の能力を決める際に必要な値であり，工具の摩耗量とも密接な関係[10]がある．**図**

2.26は，せん断仕事量とクリアランスの関係を示したものであり，せん断仕事量が極小となるクリアランスが存在する[1]．せん断仕事に影響を及ぼすせん断荷重は，図 2.20 からもわかるようにクリアランスの増加とともに減少する．しかし，一般作業に用いられる適正クリアランスでは亀裂の会合が直線的になされることから，材料分離までのストロークが短くなるため，せん断仕事が小さくなる．これら二つの影響により，せん断仕事が極小値を示すクリアランスは適正クリアランスよりもやや大きな値，すなわち，一般の金属のせん断において，せん断仕事が極小値を示すのはクリアランスが 10 〜 15% t のときである．

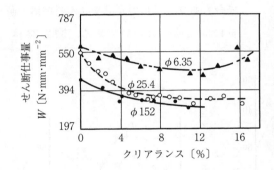

図 2.26 せん断仕事量とクリアランス[1]の関係（3.3 mm 厚黄銅板，材料固定）

せん断仕事量 W は式（2.10）により近似的に求めることができる．

$$W = \frac{m' \cdot t^2 \cdot l \cdot k_s}{1\,000} \quad [\text{kg} \cdot \text{m}] \tag{2.10}$$

ただし，t：板厚〔mm〕，l：せん断輪郭長さ〔mm〕，k_s：せん断抵抗〔N・mm^{-2}〕，m'：材料により定まる補正係数（**表 2.3** 参照）

表 2.3　各種材料の m' 値

材　　料	m'
アルミニウム（軟）	0.76
銅（軟），黄銅（軟），軟鋼（0.2% C 以下）	0.64
アルミニウム（硬），軟鋼（0.2 〜 0.3% C），銅（軟）	0.50
ばね鋼，黄銅（硬），鋼板（0.3 〜 0.6% C）	0.45
鋼板（0.6% C 以上）	0.40
圧延硬質材	0.30

2.2.3 側方力

図 2.27 は，工具刃先近傍から被加工材料に作用する力を表した図である．

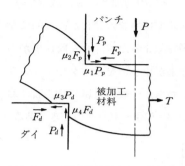

図 2.27 工具刃先近傍からの作用力

せん断加工では，工具から材料に作用する加圧力 P_p，P_d の作用線のずれにより生ずるモーメントによって，材料にはね上がりや湾曲が発生し，工具食込み部の材料が工具側面に押し付けられ，側方力 F_p，F_d が発生する．この力はかなり大きな値となる場合もあり，工具の設計やせん断機構の解析には見逃せない値である．**図 2.28** は，

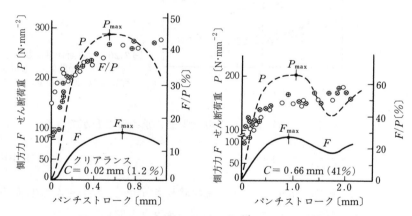

図 2.28 せん断線図とダイ側方力 [11] ($t=1.6$ mm 軟鋼)

表 2.4 各種材料の λ_m 値（クリアランス 3%）

材　料	$\lambda_m = F_{max}/P_{max}$
鋼　　板	0.28〜0.38
けい素鋼板	0.17
黄　銅　板	0.24
銅　　板	0.14〜0.17
純アルミニウム板	0.08

せん断線図に側方力の変化を重ねて示したもの [11] である．ストロークが大きくなるに従い，せん断荷重に比例して側方力も増加するが，クリアランスがきわめて小さい場合には，側方力の最大値 F_{max} が最大せん断荷重 P_{max} よ

り遅れて現れ，クリアランスが大きい場合には早い時期に現れる．

$F_{max}/P_{max} = \lambda_m$ の値は，加工条件によって多少異なるが，クリアランスが3％（板厚比）の場合には**表2.4**に示すように，鋼板は非鉄材料に比べその値が大きい．

2.2.4 押込み力とかす取り力

材料分離後，パンチを下死点まで進行させるために必要な力が押込み力であり，材料からパンチを引き抜くために必要な力をかす取り力という．**図2.29**にかす取り力および押込み力に及ぼすクリアランスの関係[12]を示す．クリアランスが10％程度では，押込み力およびかす取り力はわずかであるが，クリアランスが小さくなるとこれらは増加する．

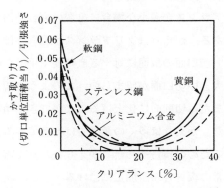

図2.29 かす取り力とクリアランスの関係[12]

2.3 せん断製品の切口面

2.3.1 クリアランスと切口面

一般的なせん断加工により得られる切口面は，だれ，せん断面，破断面およびかえり（ばり）から構成される．だれは工具が食い込む際に圧下された自由表面の部分であり，せん断面は工具の食込みによって大きなせん断ひずみを受けた面で，工具の側面によりバニシ加工された光沢のある平滑な部分である．破断面は亀裂が生じて破断した部分で結晶粒面が現れ，微小な凹凸のある部分である．かえりは破断の際に端が残存した突起状の部分である．

図2.30にクリアランスと切口面の関係[13]を示す．だれは，クリアランスが大きくなるほど増大する．せん断面の長さは，亀裂が発生するまでの過程に相

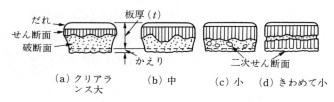

(a) クリアランス大　(b) 中　(c) 小　(d) きわめて小

図 2.30　クリアランスと切口面の関係

当するため，クリアランスが大きいと亀裂発生時期が早まるため，せん断面の切口面に占める割合は小さくなる．破断面内に発生する二次せん断面は，クリアランスが過小な場合に亀裂の会合が円滑に行われないために発生するものである．かえりはクリアランスが大きいほど大きくなる．

切口面の板面に対する直角度や平滑さの観点では，せん断面の占める割合が大きい切口面が望ましい．このような観点から，切口面全面を平滑なせん断面または切削面に仕上げることができる精密せん断加工法が開発されている．また，かえりは多くの製品では有害であるため，かえりの発生がない切口面を得るための精密せん断（かえりなしせん断）法も開発されている．本項では，通常の板材せん断加工における，製品形状，工具条件，被加工材料，作業条件などの影響因子と切口面の関係について説明する．

図 2.31 はクリアランスの変化に伴う切口面の傾きと各部の長さを示したものである（名称は図 2.2 参照）[13]．クリアランスの増加とともに，破断面の傾き γ は増加する．これは破断面が亀裂の会合により形成されることから説明できる．せん断面の傾き α はほとんど変化しない．これはせん断面は工具によりバニシされた面であるためである．各部の長さについては，せん断面はクリア

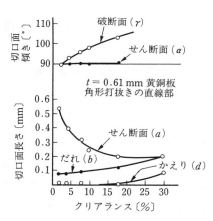

図 2.31　クリアランスの変化に伴う切口面の傾きと各部長さの変化 [13]

ランスの増加とともに減少し，だれとかえりは逆に増加する．

図 2.32 に各種材料のクリアランスと切口面内の各部の関係を板厚比で示す[13]．これからも，だれはクリアランスの増加に伴い単純に増加し，かえりはクリアランスが 10 〜 15% 以上になると目立つようになる．破断面はクリアランスが 0 に近い条件ではその割合がきわめて小さいが，クリアランスの増加に伴い急増し，5 〜 15% でほぼ一定または減少する傾向を示す．この傾向は材質や硬さによってかなり差がある．

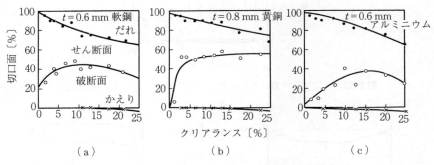

図 2.32 各種材料のクリアランスと切口面内の各部の関係[13]

2.3.2 工具条件と切口面

図 2.33 は，打抜き穴径の小さな小穴抜きにおけるクリアランスの影響を示している[14]．傾き角は一般のせん断と類似した傾向を示すが，切口面の構成は大きく異なる．すなわち，小穴抜きでは，せん断面の割合が大きく，だれが小さい．特に，クリアランスが小さい条件ではほぼ全面がせん断面となり，クリアランスの増加に伴い，破断面が発生するようになりせん断面の割合が減少するが，さらにクリアランスが大きくなると再びせん断面の割合が増加する．これは，小穴抜きでは工具側面に発生する側方力が，板のはね上がりや湾曲が生じにくくなり開放されないことで，せん断変形域内の静水圧が高まり亀裂の発生が抑えられるためである．

図 2.34 は，切口面形状への穴径の影響を調査した結果[15]である．O 材には

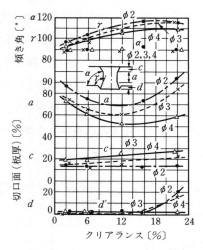

図2.33 小穴抜きにおけるクリアランスの影響[15] ($t=4$ mm 軟鋼板)

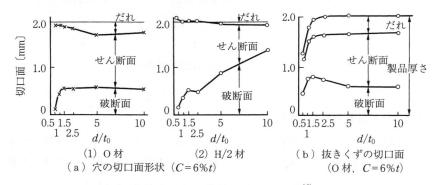

(1) O材   (2) H/2材   (b) 抜きくずの切口面
(a) 穴の切口面形状 ($C=6\%t$)　　　　(O材, $C=6\%t$)

図2.34 切口面形状への穴径の影響[16]

穴側, 抜き落し (抜きくず) 側いずれも $d/t<5$ の範囲で小穴抜きの特徴が出ており, 1/2H材ではさらにこの特徴が顕著に認められる. これは, O材のほうが局部的に大きな変形が生じることで, はね上がりや湾曲の影響が小さくなるためである. また, 抜き落し側は d/t が小さい条件では押出し加工に近い変形をするため, 大きなだれが発生する.

打抜き輪郭の角の丸み半径の影響を**図2.35**に, 頂角の角度の切口面構成に

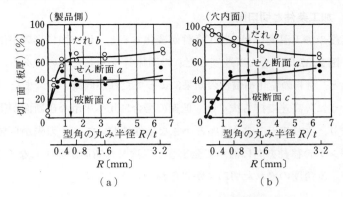

図 2.35 打抜き輪郭の角の丸み半径と切口面 [16] ($t=0.55$ mm, SPC クリアランス 14～22%)

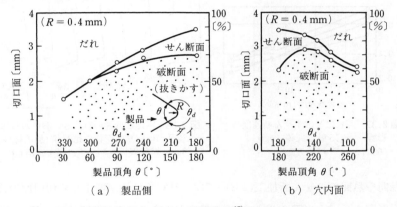

図 2.36 製品頂角 θ と切口面の構成 [17] (SPH, $t=3.93$ mm, $C=0.3$ mm)

及ぼす影響を**図 2.36**にそれぞれ示す[16),17)]．いずれも，打抜き品のシャープな角部ではだれが極端に大きくなり，条件によっては全面がほぼだれによって構成される場合がある．一方，穴側の角部はその逆の傾向を示す．このようになるのは，小穴抜きの場合と同じ理由によるためである．

これらのほかに，打抜き時の桟幅の大きさによっても切口面の形状が大きく変化する．材料の桟幅が小さいと，切削に近い形態で材料分離が行われるため，せん断面の発生割合が大きくなる．

2.3.3 加工条件と切口面

加工速度や加工温度などの加工条件が変化すると,切口面に影響が出る場合がある.図 2.37 は,せん断速度とだれの関係[18]を示したものである.高速で打ち抜くと,材料の脆化や慣性の効果によってだれが低減する.また,図 2.38 に示すように,高速で打ち抜くと,低速の場合に比べ平滑な破断面が得られるようになり,クリアランスが 1% と小さな条件においても,刃先から発生する亀裂がパンチの移動方向に沿って発生し,二次せん断面が発生しなくなる[19].このため,直角度の優れた切口面が得られるようになる.

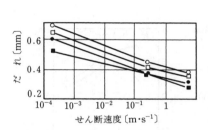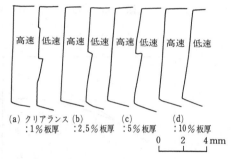

図 2.37 だれに及ぼすせん断速度の影響[18](ϕ 15 軟鋼丸棒, $a_s =$ 560 N·mm^{-2} パンチ側)

図 2.38 高速と低速の打抜きにおける打抜き製品の切口断面形状の比較[19](加工材料:8 mm 厚軟鋼板,パンチ直径:ϕ 15 mm)

温間や熱間でのせん断加工においては,材料の延性が増すため切口面の性状にも影響を及ぼす.図 2.39 に打抜き温度とかえり高さの関係[8]を,図 2.40 と図 2.41 に打抜き温度と切口面の関係[8]をそれぞれ示す.打抜き品のかえり高さは,材料の青熱脆性のために打抜き温度が室温から 500℃ 程度までは温度の上昇とともにわずかに小さくなるが,500℃ を超えると材料の延性増加によって急増する[20].切口面は打抜き温度が高くなるに従い,延性増加の影響によってだれやせん断面の切口面に占める割合が大きくなる.ただし,軟鋼などでは 500℃ 付近の青熱脆性や 900℃ 付近の赤熱脆性の影響により,せん断面の割合が一時的に減少する.

2.3 せん断製品の切口面

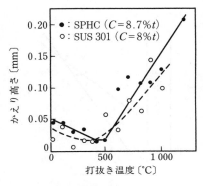

図 2.39 打抜き温度とかえり高さの
関係（$D = \phi 20$ mm）

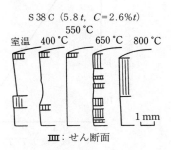

図 2.40 せん断温度と切口面の
関係[8]（$D = \phi 20$ mm）

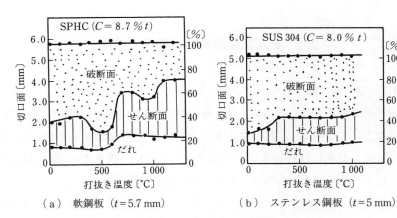

（a）軟鋼板（$t = 5.7$ mm）　　　　　（b）ステンレス鋼板（$t = 5$ mm）

図 2.41 打抜き温度と切口面の関係[8]（$D = \phi 20$ mm）

2.3.4 材料特性と切口面

図 2.42 に被加工材料の特性の切口面性状に及ぼす影響を示す[21]．いずれも延性の程度を示す特性値であり，延性が大きい材料ほどせん断面やだれの切口面に占める割合が大きくなる．

（a） せん断面と板厚絞りの関係

（b） だれと全伸び，n 値の関係

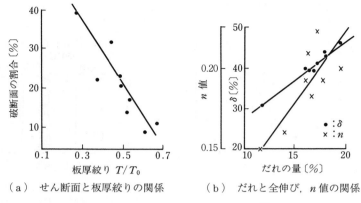

図 2.42　材料特性とせん断切口面 [21)]

2.4　せん断製品の寸法精度と湾曲

2.4.1　寸　法　精　度

打抜き加工により得られる抜き落し品の外径寸法はダイの穴内径に依存し，穴抜き加工により得られる穴の内径は，パンチの外径に依存するといわれている．しかし，厳密には打抜き品や穴抜き品の寸法は，**図 2.43** や**図 2.44** に示すようにクリアランスの大きさによっても変化する [22),23)]．

この原因は，打抜き加工時のパンチやダイの弾性変形，加工中の材料の湾曲と軸力による変形およびこれらのスプリングバックによるためである．

図 2.45 にスプリングバックにより発生する寸法変化を示す [23)]．

ここで，製品（打抜き品）外径 D は破断面とせん断面の境界における外径寸法であり，スプリングバックによって材料は回転するため，この材料の中立面より上にある場合は外径寸法が増加し，下の場合は減少する．すなわち，図 2.43 において，クリアランスが小さい領域ではせん断面の割合が多く，かつ板面方向の力 T が圧縮であるため外径寸法が増加している．クリアランスが 5 %以上ではせん断割合が減少し，外径寸法が減少し，30%以上にクリアランス

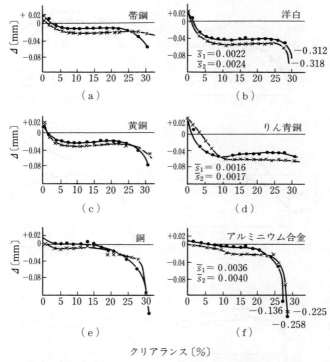

●:圧延方向 ($\bar{s}_1$)　　$\varDelta$ = 打抜き製品の外径－ダイ穴の直径
×:圧延に直角方向 ($\bar{s}_2$)　$\bar{s}_1, \bar{s}_2$ は寸法のばらつきの平均値

図 2.43　円形打抜きにおける製品の外径寸法とクリアランス[22]
　　　　　　(ϕ 10 打抜き)

が大きくなると，T の引張りの値が増加することとも相まって外径寸法が大きく減少する．また，スプリングバック量が大きな材料ほどこの寸法変化も大きくなる．

図 2.44 は，円形穴抜き加工におけるクリアランスの穴内径寸法に及ぼす影響である．クリアランスが小さな 5% 以下の条件では，穴抜き時の板面方向に圧縮力が作用するため，穴内径はパンチ外径より小さくなる．そして，クリアランスが 15% 前後で穴内径は最も大きくなり，その後はクリアランスの増加とともに減少する．

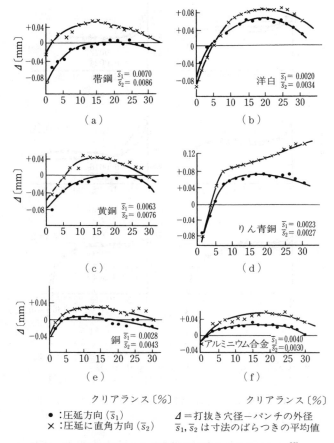

- ●：圧延方向 ($\bar{s}_1$)
- ×：圧延に直角方向 ($\bar{s}_2$)

$\varDelta$ ＝打抜き穴径－パンチの外径
$\bar{s}_1, \bar{s}_2$ は寸法のばらつきの平均値

図 2.44 円形打抜きにおける穴径寸法とクリアランス[22)]
(ϕ 10 打抜き)

　板厚に対する穴径の比率が小さな小穴抜きの場合は，押出し加工に近い変形をする．したがって，**図 2.46** に示すように，同じパンチ外径の場合は板厚が厚いほど，またクリアランスが小さいほど圧縮力が大きく作用するため，材料が外周方向へ流れ出すため穴内径は増加する．また，縁桟(桟幅)が小さい場合も外周の材料の変形によって穴内径が大きくなる．

　図 2.47 は，打抜き直径が製品寸法 $\varDelta D$ に及ぼす影響を示したものである[25)]．

2.4 せん断製品の寸法精度と湾曲

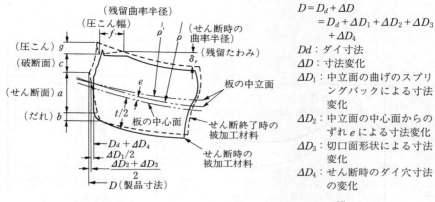

図 2.45 スプリングバックにより発生する寸法変化[22]

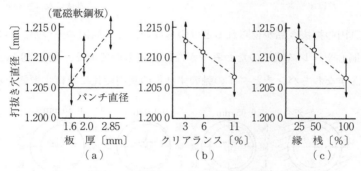

図 2.46 穴直径とせん断条件の関係[24]

D_d/t が小さな条件では押出し加工に近い応力状態となるため，打抜き品の外径はダイ内径より小さくなり，D_d/t が大きくなるとはね上がりや板面方向の力により，この場合もダイ内径より小さな径の打抜き品が得られる．

図 2.48 は，$D_d/t = 40$ における材料の破断伸びの打抜き品外径に及ぼす影響を示すものである[5]．このような一般の打抜きにおいて得られる打抜き品の外径がダイの穴径より小さくなるのは，板面方向のスプリングバックによるためである．したがって，硬質材料や降伏応力の大きな材料ほど収縮量が大きくなる．

つぎに，打抜き品の真円度について述べる．円形輪郭の打抜きを行っても，

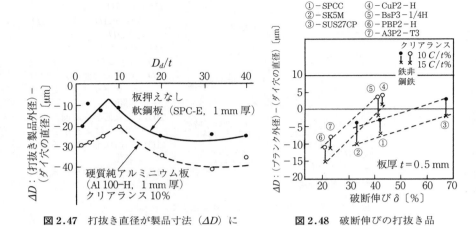

図 2.47 打抜き直径が製品寸法 (ΔD) に及ぼす影響[25]

図 2.48 破断伸びの打抜き品外径に及ぼす影響[5]

完全に真円の打抜き品が得られるとは限らない．この原因の一つが，パンチとダイの偏心やプレス機械のたわみやがたによるものである．**図 2.49** は工具の偏心量，すなわちパンチとダイの軸のずれ量の真円度比に及ぼす影響を示した

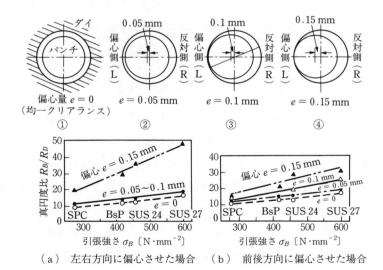

(a) 左右方向に偏心させた場合 　　(b) 前後方向に偏心させた場合

図 2.49 工具偏心量の真円度比に及ぼす影響[26]
($D = \phi 80$, $t = 1.0$ mm, $C = 1.55$ mm)

ものである[26]．これら工具の偏心量が大きいほど，また被加工材料の引張強さが大きいほど，真円度（真円度比：打抜き品真円度／ダイ穴真円度）が悪化する．

真円度に及ぼす二つ目の影響因子として，被加工材料の異方性があると考えられる[27]．**図 2.50** にさまざまなクリアランス条件で得られた打抜き品の真円度を示す[5]．クリアランスが過大になると真円度が急激に悪化する．これは，クリアランスが過大になると板面方向に大きな引張力が作用するようになり，そのスプリングバックにより寸法変化（圧縮）が生じ，そのスプリングバック量に違いが生じるためと考えられている．

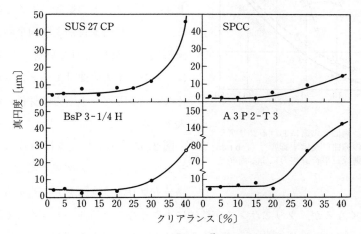

図 2.50 クリアランスと真円度[5]（板厚 t = 0.55 mm）

2.4.2 湾　　　曲

せん断加工においては，加工中に被加工材料に図 2.27 に示すような力が作用する．これら力のうち（P_p, P_d）の組合せは一種の偶力を形成するため，これらにより材料に回転や湾曲が生じる．

板押え力を負荷しない平行直線刃による両面せん断の場合，パンチ下方の材料は両端のクリアランス部分の刃先近傍で発生する諸加工力によりモーメント

が相互に逆方向に作用するため,全体として回転できずに曲げ変形を受ける.この曲げモーメントにより,パンチ下方の材料は大きく湾曲しながらせん断が進行する.材料分離後に,スプリングバックによりこの湾曲による変形はある程度回復するが,塑性変形により発生した変形は残存し,これが製品の湾曲となる.なお,ダイ端面上の材料は板押えがない場合は大きくはね上がり,この部分にはモーメントの作用による変形は生じない.

図2.51は,平行直線刃による両面せん断におけるクリアランスの湾曲に及ぼす影響である[27].クリアランスが大きくなるほど湾曲が大きくなる.これは上述のモーメントの影響によるものである.また,材料支持がより拘束の大きな両端固定(板押え力を負荷)の条件では,パンチ下方の曲げモーメントが大きくなり,よりパンチ下方の材料の湾曲が大きくなる.

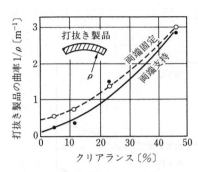

図2.51 両面せん断におけるクリアランスの湾曲に及ぼす影響[28](1.6 mm厚軟鋼板,平行直線刃による両面せん断)

図2.52は円形打抜きにおけるクリアランスと湾曲深さの関係である[5].この場合もクリアランスを大きくすると湾曲が大きくなるが,クリアランスが極端に小さくなると湾曲が大きくなる場合がある.これは,打抜き品がダイ穴内を通過する際に切口面がダイ側面に強く押し付けられた状態で下方に押し込まれることで,大きな湾曲が発生するためである.

図2.53は,板厚の異なる被加工材料を同一径のパンチで打ち抜いたときの湾曲深さである[5].板厚が厚いほど相対的に材料の塑性変形域が拡大するため湾曲も大きくなる.このような湾曲の発生を抑えるためには,逆押え力を負荷した打抜きが効果的である.

図2.54は,軟鋼と黄銅の打抜き品のだれと湾曲に及ぼす打抜き速度の影響を調査した結果である.打抜き速度が増すと,だれ,湾曲いずれも減少する傾

2.4 せん断製品の寸法精度と湾曲

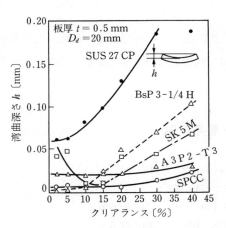

図 2.52 クリアランスと湾曲深さの関係[5]

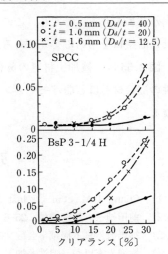

図 2.53 板厚と湾曲深さ[5]

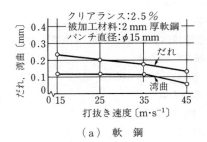

(a) 軟 鋼

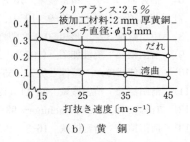

(b) 黄 銅

図 2.54 打抜き製品のだれと湾曲に及ぼす打抜き速度の影響[19]

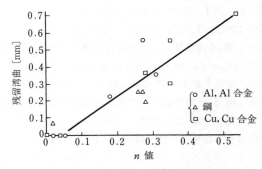

図 2.55 n 値と残留湾曲[25]（$\phi 40$ 打抜き）

向が認められる．ただし，このような顕著な効果を得るためには，専用の高速せん断機械を用いる必要がある．

図 2.55 は，被加工材料の n 値の湾曲に及ぼす影響である．n 値が大きな延性の高い材料ほど曲げモーメントに対し残留変形が大きくなり，湾曲が大きくなる．

引用・参考文献

1) Chang, T. M., et al.：J. Inst. Met., **78**-4（1955），119.
2) 前田禎三：精密機械, **25**-6（1959），248-263.
3) 神馬敬：日本機械学会論文集, **28**-196（1962），1638-1646.
4) 竹増光家ほか：塑性と加工, **36**-418（1995），1318-1323.
5) 和田和夫ほか：同上, **13**-134（1972），204-211.
6) 福井伸二ほか：精密機械, **16**-8（1950），216-220.
7) 前田禎三：同上, **25**-9（1959），439-451.
8) 中川威雄ほか：昭和 50 年度塑性加工春季講演会講演論文集,（1975），305.
9) 前田禎三：塑性加工,（1972），220, 誠文堂新光社.
10) 古閑伸裕ほか：塑性と加工, **55**-647（2014），1024-1028.
11) 前田禎三：精密機械, **24**-11（1958），575-580.
12) Tilsley, R., et al.：Machinery, **93**-2383（1958），153.
13) 前田禎三：精密機械, **16**-3（1950），70-77.
14) 斎藤博：同上, **21**-11（1955），419.
15) 尾崎龍夫ほか：塑性と加工, **13**-140（1972），683-688.
16) 日比野文雄ほか：同上, **5**-46（1964），779-786.
17) 中川威雄ほか：同上, **12**-129（1971），742-751.
18) 田中文雄ほか：第 26 回塑性加工連合講演会講演論文集,（1975），161.
19) Mikkers, J. C.：Paper for the Meeting of the CIRP in Nottingham,（1968），1-33.
20) 森謙一郎ほか：塑性と加工, **55**-636（2014），50-54.
21) 中川威雄ほか：第 20 回塑性加工連合講演会講演論文集,（1969），137.
22) 前田忠正：精密機械, **25**-11（1959），607-614.
23) 前田禎三ほか：日本機械学会誌, **67**-542（1964），423.
24) 原典不明につき，プレス加工データブック,（1980），23, 日刊工業新聞社.
25) 中川威雄：学位論文（東京大学）,（1966），63.

26) 野池一広ほか：塑性と加工，**13**-136（1972），339-347.
27) 松永尚ほか：同上，**53**-612（2012），49-53.
28) 前田禎三：同上，**2**-10（1961），619-632.

3 工具寿命

3.1 工 具 摩 耗[1]

3.1.1 せん断加工における工具摩耗

　塑性加工は一般に大量生産を身上とする．したがって，工具の摩耗がとりわけ大事であり，せん断加工もこの例にもれない．むしろ，工具摩耗が特に重要視される分野といえる．これは，せん断加工が本質的に亀裂を伴う分離加工であり，この亀裂発生が工具刃先の状態をきわめて鋭敏に反映することによっている．また，せん断加工は，原理的に一対の工具によってなされる加工である．製品精度や切口面の性状が工具の設計，製作の段階で決定されるため，重要なことは製作された工具切れ刃形状をできるだけ最初の状態に保ち，長期にわたり良好な製品を得ることにある．このため，せん断におけるトライボロジーは工具摩耗や欠損が中心になる．

　また，潤滑技術などの観点から，切口面の向上や，加工力の低減を図ることが考えられるが，この影響は摩耗の問題に比べるとはるかに小さく，材料の摩擦に起因する加工力成分だけが特に注目される程度である．実務的には摩耗や欠損といった工具損傷による変化のほうがはるかに大きい．したがって，本章では工具切れ刃の損傷を中心に述べることとする．

3.1.2 工具切れ刃の摩耗形状

　せん断工具の切れ刃摩耗形状は，模式的に**図3.1**のように表せる．S_1，S_3

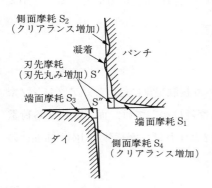

図 3.1 せん断工具の切れ刃摩耗の模式図

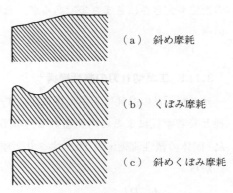

図 3.2 工具面の摩耗形状

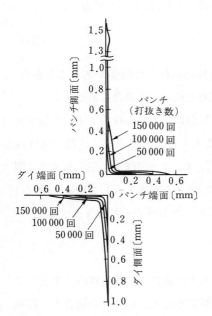

図 3.3 工具の切れ刃摩耗の進行状況[2]（11.8 mm 角形打抜き，クリアランス 0.6％，工具：SBD，HV 748～792，材料：0.5 mm 厚けい素鋼板，潤滑：なし）

は，それぞれパンチおよびダイの端面摩耗，S_2，S_4 は側面摩耗，S'，S'' は刃先摩耗と呼ばれる．つねにこのように明確に分別できるとは限らない．これらの摩耗を加工条件の変化として見ると，側面摩耗はクリアランスの増加，刃先摩耗は刃先丸みの増加にそれぞれ対応する．側面に凝着物が発生することもあり，これは実質クリアランスの減少となる．摩耗形状は一応，**図 3.2** のように斜め摩耗，くぼみ摩耗，斜めくぼみ摩耗に分類されるが，切れ刃が摩耗すると，その部分の圧力と相対すべり量も変化するので，**図 3.3** の例のように形状も逐次変化する[2]．また，摩耗量の変化は加工初期に大きく（初期摩耗），その後ほぼ一定（定常摩耗）となることが多い．厳しい加工条件では刃先に欠損を生じる場合がある．そ

の形態や大きさはさまざまであるが,通常,欠損は工具の寿命となることが多い.

3.1.3 工具切れ刃の摩耗機構 [1]

せん断工具の摩耗は工具と材料間のすべり接触現象に起因し,アブレシブ摩耗と凝着摩耗によると考えられる.凝着摩耗については,面に作用する荷重 P,固体の塑性流動応力 P_m,すべり距離 l とすれば,摩耗体積 W は Holm[3] の式から

$$W = \frac{k_{ad} P l}{P_m} \tag{3.1}$$

一方,アブレシブ摩耗に対しては,記号を式(3.1)にそろえて書けば [4]

$$W = \frac{k_{ab} P l}{P_m} \tag{3.2}$$

となる.なお,塑性流動応力 P_m は固体の押込み硬さに関係があることから,固体の押込み硬さを利用して摩耗体積を求める式を表す場合もある.

式(3.1),(3.2)はよく似ており,すべり面に作用する荷重とすべり量が大きく,材料が柔らかいほど摩耗が大なることを示す.しかし,定数の意味はまったく違い,k_{ad} が原子の移着しやすさに,k_{ab} は切削作用の生じやすさに関係している.両式は相対する金属の軟質材に生じる摩耗を表している.硬質材に生じる摩耗に関しては,その摩耗深さを h',軟質材のそれを h とすると

$$h' = \left(\frac{s}{s'}\right)^2 h \tag{3.3}$$

で与えられるとの説 [5] がある.s と s' はそれぞれ軟質材,硬質材の降伏応力である.せん断工具の摩耗はこの硬質材の摩耗に当たる.いずれの場合も,接触面での圧力とすべり量を知り,さらに材料の凝着しやすさと表面状態を考慮しなければならない.**図3.4**はせん断の加工工程を,**図3.5**はこれと対応するせん断線図を模式的に示す.

3.1 工具摩耗

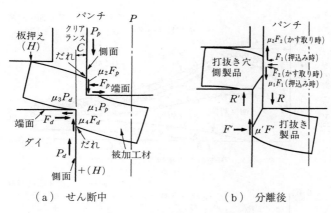

(a) せん断中 (b) 分離後

図3.4 せん断の加工工程[22]

図3.4(a)は材料内に亀裂を生じる以前,図3.5の0-d間の状態である.パンチおよびダイが材料内に食い込むこの時点までは側面部には食込み量に等しいすべりが,また端面部でもわずかのすべりが生じる.図3.6は丸形打抜きにおけるダイ面上のすべり量の分布[6]であり,刃先より,若干内部のほうがすべりが大きいこと,最大荷重付近までは刃先より遠方にすべり,これ以後は逆にすべることが示されている.このような状態

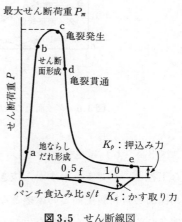

図3.5 せん断線図

下で端面は垂直力 P_p, P_d を,側面は側圧力 F_p, F_d を受けている.側面部では,側圧力は垂直力に比べ低いが,新生面とのすべりが大きい.端面部では垂直力は大きいが,材料表面とのすべりは小となるので各部相応の摩耗を生じる.亀裂が発生すると端面,側面の圧力は急激に減少し,これ以後はこの部分の摩耗はほとんど生じない.

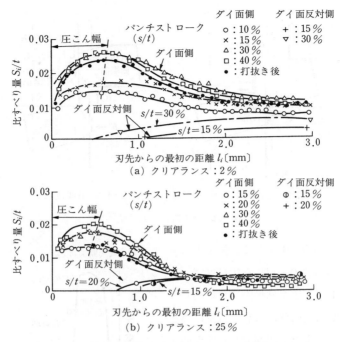

図 3.6 ダイ面上の被加工材のすべり量の分布[6]（φ16 丸形工具，被加工材：1 mm 厚軟質銅）

図 3.4（b）は亀裂が発生し，材料が分離した後，製品をダイ穴内に押し込む工程と，パンチをかすから抜き取るかす取り工程を示す．この両工程とも工具側面と材料新生面との摩擦となり，特にパンチ側面は抜きかす内面で往復摩擦されるので大きな摩耗を生じやすい．このとき，摩擦面に作用する圧力の摩擦力成分は押込み力 $K_p = \mu_1 F_1 + \mu' F'$，かす取り力 $K_s = \mu_2 F_2$ となり，図 3.5 のせん断線図の K_p，K_s で示される．これらの力はクリアランス，潤滑，相対パンチ直径の影響を大きく受ける．特に，僅小クリアランスではかす取り力がきわめて大きく，刃先に引張力として作用するので，ひどい場合には欠損を招く．刃先先端部の摩耗は側面摩耗に類似する点が多いが，端面摩耗との両相的要素を持つと見られる．

以上のことから，図3.2の摩耗形状の発生を定性的に説明することができる．端面部でのすべりの最大値は図3.6のように刃先より内側であるが，圧力は刃先が最大である[7)~9)]．摩耗は式 (3.1)，(3.2) からすべりと圧力の積に比例すると考えられるので，端面部のくぼみが説明できる．くぼみができると圧力分布は変わり，刃先近傍の圧力が高くなり斜めくぼみ摩耗へと移行する．また，側面部では，刃先近傍のすべりと圧力が高いので，一般的には斜め摩耗となりやすいが，これは材料の支持条件の影響が大きい．板押えと材料間に隙間があると，かす取り時に材料が反転を起こし，パンチ側面をえぐるような運動をする結果，くぼみ摩耗を生じる[10)]．ただし，このときも圧力が変化し，摩耗形状も自然と変わる．

アブレシブ摩耗，凝着摩耗の観点から見ると材料と工具の組合せ，および表面状態が重要視される[11)]．材料表面にアブレシブ作用をする物質があると，打抜き時に工具端面がこれと接触するので大きな摩耗を生じる．酸化皮膜付き鋼板，絶縁皮膜付きけい素鋼板などがこれに当たる．**図3.7**は酸化皮膜付きベー

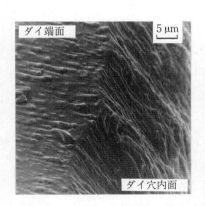

図3.7 アグレシブ作用による摩耗面（Ⅰ）[11)]（直径10 mm丸形打抜き，クリアランス5％，工具：SKD 11，*HRC* 60，材料：1 mm厚酸化皮膜付きベーナイト処理鋼板，潤滑：なし，打抜き数10 000回）

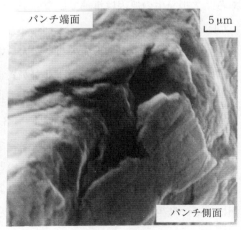

図3.8 凝着作用による摩耗面[11)]（直径10 mm丸形打抜き，クリアランス5％，工具：SKD 11，*HRC* 60，材料：1 mm厚ステンレス鋼板，潤滑：マシン油，打抜き数10 000回）

ナイト処理鋼板（SK 7相当）を打ち抜いたダイ（SKD 11）の切れ刃であり，硬い炭化物を残し，柔らかいマトリックスが選択的に摩耗している．これは酸化皮膜によるアブレシブ作用によるものである．そして，炭化物の突出が著しくなるとそれ自体脱落していき，さらに摩耗が進行する．

図 3.8は，オーステナイト系ステンレス鋼（SUS 304）の打抜きパンチ切れ刃で，凝着の発生，脱落によると見られる摩耗が発生している．工具の一部が剥離するところも観察され，これも凝着に起因すると考えられる．パンチ側面では凝着物が認められることが多い．これは，つぎの打抜き時に脱落，剥離し，切りくずとなることも多く，この場合，切りくずが工具と材料間に入り込み，アブレシブ作用により，大きな摩耗を引き起こす．場合によってはこの凝着により，かす取り力が異常に大きくなり刃先欠損をもたらすこともある．

3.1.4 工具刃先の欠損

刃先に大きな欠損が生じると，多くの場合，工具は寿命となるので大問題である．欠損発生の原因は単純ではないが，つぎのことが挙げられる．

（1） 取扱いの不注意．
（2） 仕上げの不良で刃先の粗さが大きい．打抜き輪郭が鋭い．
（3） 加工条件が悪く，かす取り力が異常に大きくなる．
（4） 材料不良，素材の欠陥や熱処理不良．

加工上，特に問題となるのは（2），（3）の場合である．研削仕上げの場合，この粗さが大きいと**図 3.9**（a）のように研削目に沿った微小欠損を生じる[11]．また，クリアランスが著しく小さいときや，パンチ側面の凝着が著しいときは，かす取り力により図 3.9（b）のような欠損を生じる[10]．これらの欠損は，その発生機構上，ダイに比べパンチ刃先に生じる場合がはるかに多い．

(a) 研削目に沿った微小欠損[11]　　(b) 端面に沿う比較的大きな欠損[10]

図3.9　パンチ刃先に生じた欠損例

3.1.5　工具摩耗に及ぼす工具条件の影響

影響する因子は**図3.10**[12]のように数多く，工具条件と加工条件に大別される．

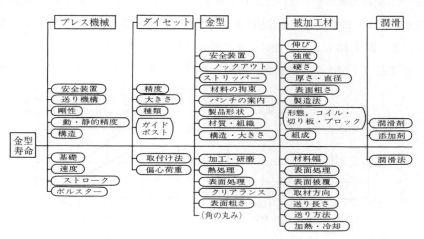

図3.10　金型寿命に及ぼす影響因子[12]

〔1〕工具材

工具の硬さと組成が問題になる場合がある．通常の合金工具鋼はマルテンサイト中に炭化物が混在する2相構造であり，硬い炭化物が耐摩耗性を発揮する．工具材種により，炭化物の種類が異なる．したがって，硬さと含有量が異なるので，これらを考慮した「実効硬さ」が実質的な耐摩耗性を示すと考えられる[13]．実効硬さ H_{ve} は H_{vc}，H_{vm} をそれぞれ炭化物とマトリックスの硬さ，表面において炭化物の占める面積割合を α とすれば，次式で表せる．

$$H_{ve} = \alpha \cdot H_{vc} + (1-\alpha) H_{vm} \tag{3.4}$$

図 3.11 は SKS 3，SKD 11，SKH 9 の 3 種の工具で酸化皮膜付きベーナイト処理鋼板を打ち抜いた後の工具の端面摩耗である．これはアブレシブ摩耗と考えられ，実効硬さで耐摩耗性がうまく評価できることがわかる．また，同じ材種では硬いほうが耐摩耗性に優れている[13]．ただし，靭性は逆に落ちるので，凝着の発生が著しく欠損が生じやすい条件では不利となる．粉末法により製造された合金工具鋼は，靭性をさほど犠牲にせず硬く熱処理できるといわれている[14]．凝着の観点からは，工具材と材料の組合せが重要で，**図 3.12** の側面摩耗が示すように合金元素を添加したほうが相互の親和性が低下し，摩耗も少なくなる．**図 3.13** に刃先摩耗に及ぼす工具材質の影響を示す．

多結晶ダイヤモンド焼結体（PCD）の工具への利用も検討されている．図

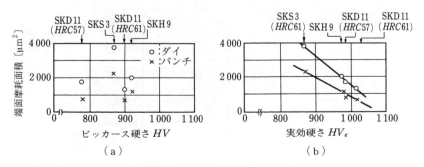

図 3.11 端面摩耗量と工具の実効硬さとの関係[13]（直径 10 mm 丸形打抜き，クリアランス 10%，材料：1 mm 厚酸化皮膜付きベーナイト処理鋼板，潤滑：なし）

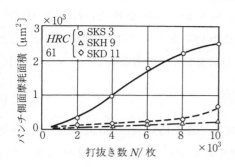

図 3.12 パンチ側面摩耗に及ぼす工具材質の影響[13]（直径 10 mm 丸形打抜き，クリアランス 5 %，工具：SKD 11，HRC 61，材料：1 mm 厚酸化皮膜付きベーナイト処理鋼板，潤滑：なし）

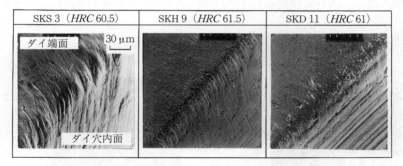

図 3.13 刃先摩耗に及ぼす工具材質の影響[13]（直径 10 mm 丸形打抜き，クリアランス 5 %，材料：1 mm 厚酸化皮膜付きベーナイト処理鋼板，潤滑：なし，打抜き数 10 000 回）

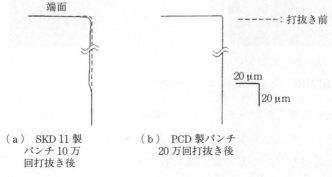

図 3.14 打抜き加工後のパンチ刃先形状（SU 304，$t = 1.0$ mm）[15]

3.14 は板厚 $t=1.0$ mm のステンレス(SUS 304)鋼板を 10 万回打ち抜いた後の SKD 11 製パンチと 20 万回打抜き後の PCD 製パンチの刃先形状である[15]. PCD 製工具の場合はチッピングや PCD の基材からの剥離もなく,きわめて耐摩耗性が高いことが実証されている.

〔2〕表 面 処 理

表面処理に関する研究も行われている.図 3.15 は板厚 1 mm のベーナイト鋼コイル材でオーステンパ処理時の酸化被膜の付いた青材を 1 万回打ち抜いた後のパンチ切れ刃の摩耗状態である[16].無処理では,端面部の摩耗が進んでいるのに対し,PVD 処理あるいは溶融塩浸漬法による被覆処理を行った場合には,摩耗が少なくなっている.イオン注入法は,他の処理に比べて効果が小さいことが報告されている.

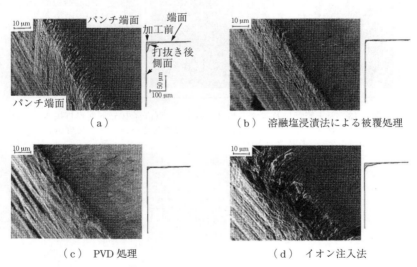

図 3.15 1 万回打抜き後のパンチの切れ刃と形状[16](クリアランス 15%)

硬質膜を被覆したコーテッド工具の利用が検討されている.TiCN の硬質膜をコーティングした工具(工具 1)により,板厚 2 mm の SUS 304 を 2 万回打ち抜いた後のパンチの刃先部が**図 3.16**(a)であり[17],刃先部欠損の程度が小さいことがわかる.また,プラズマ窒化処理工具(工具 2)では,図 3.16

3.1 工具摩耗

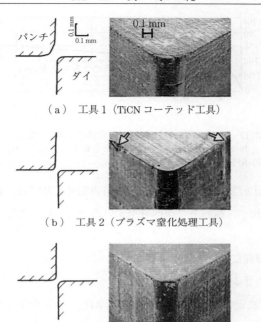

（a） 工具1（TiCN コーテッド工具）

（b） 工具2（プラズマ窒化処理工具）

（c） 工具3（プラズマ窒化下地処理 TiCN コーテッド工具）

図3.16 2万回打抜き後のパンチ刃先[17]（$R_p\,0.2\,\mathrm{mm}$）

（b）のように TiCN コーテッド工具よりパンチ刃先の欠損は少なくなる．なお，工具側面に凝着物が見られ，図3.16（b）の矢印で示す部分には細かなチッピングが発生することが報告されている．プラズマ窒化下処理を施したTiCN コーテッド工具では，図3.16（c）に示すように刃先部の欠損が小さく，工具への凝着も少なくなる．

〔3〕 **工具設計，製作**

工具の寸法や形状がおもな対象となり，範囲は広い．一般に，鋭い角部では摩耗や欠損が生じやすい．**図3.17** は，工具寿命に及ぼす打抜き輪郭の影響を示しており，板厚に対する輪郭丸みの比が小さいと寿命が極端に短くなることがわかる[18]．工具の仕上げも重要で，粗い場合は図3.9（a）にも示したように切れ刃に微小欠損を生じやすい．

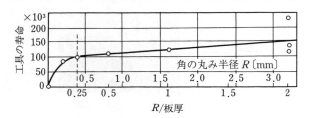

図 3.17 工具寿命に及ぼす打抜き輪郭の影響[18]（製品のかえり高さが 0.1 mm の時点で寿命と判定，材料：1.6 mm 厚 SPH-1，クリアランス 6.3%）

せん断様式の比較では，切落しのような開曲線せん断では，打抜きのような閉曲線せん断に比べ，端面上ですべりやすいのでこの部分の摩耗が大きい[19]．

3.1.6 工具摩耗に及ぼす加工条件の影響

〔1〕 クリアランス

製品の品質を決定する因子であり，工具摩耗，寿命の観点から重要視される．この理由は工具面に作用する圧力，およびすべり量を大きく左右するためである．圧力に関しては，図 3.4（b）の押込み力，かす取り力は**図 3.18**のようにクリアランスが 10% 以下では著しく大きくなる[20]．端面のすべり量に関しては，図 3.6 にも示したようにクリアランスの小さいほうが大きいが，過大になると絞り加工や曲げ加工に似た変形形態となり，逆に幾分増加する．また，小さなクリアランスではせん断面が長くなるので側面のすべりが増加し，結局，端面，側面ともクリアランスが小さいほうがすべり量が大きくなる．以上の理由により工具摩耗の観点からいえば，クリアランスは 10～15% 程度とや

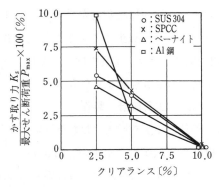

図 3.18 かす取り力に及ぼすクリアランスの影響[20]（直径 10 mm 丸形打抜き，工具：SKD 11，*HRC* 61，材料：1 mm 厚，潤滑：1 号マシン油）

や大きめにするのがよい．しかし，最近では工具寿命を犠牲にしても高品質を得るため，僅少クリアランスが採用されることも多い．

〔2〕 潤　滑　剤

（a） **潤滑剤の効果**[21),22)]　　せん断加工における潤滑剤の作用はおもに凝着の発生防止と，摩擦力および加工温度の低減にある．**図3.19**は，酸化皮膜付きベーナイト処理鋼板の打抜きにおける工具摩耗で，潤滑効果はおもに凝着主体の側面に認められる．**図3.20**は，工具SKS 3，材料SK 5の打抜きにおける潤滑効果を示しており，粘度が高く，極圧添加剤の加わったものの効果が著しい．軟質塩化ビニルなどの樹脂皮膜は固体潤滑剤の役目を果たし，これと接

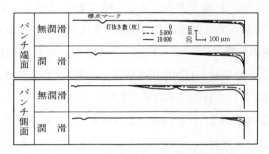

図3.19　パンチ各部の摩耗に及ぼす潤滑油の効果[11)]
（直径10 mm 丸形打抜き，クリアランス5％，材料：1 mm 厚酸化皮膜付きベーナイト処理鋼板，潤滑：1号マシン油）

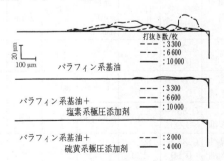

図3.20　パンチ側面の凝着防止に及ぼす極圧添加剤の効果[21)]（直径10 mm 丸形打抜き，クリアランス5％，工具：SKS 3，HRC 61，材料：1 mm 厚SK 5鋼板）

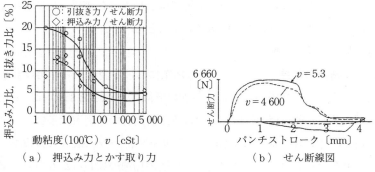

(a) 押込み力とかす取り力　　　(b) せん断線図

図 3.21　潤滑油の動粘度の影響（クリアランス 2％, A 1100 P-O）[23]

する面の摩耗を大幅に低減できる．また，**図 3.21** のように，潤滑油の動粘度は材料分離後の押込み力と引抜き力の低減に及ぼす影響がきわめて大きい．

（b）　潤滑剤の分類[24]　　せん断加工用潤滑剤の種類と性状などを**表 3.1** に示す．潤滑剤は，慣用せん断加工用と精密せん断加工用に分けられる．さらに薄板用と厚板用に分けられる．慣用せん断加工では，板厚が厚いほど油膜切れやパンチ側面の凝着が増加し，潤滑剤による摩耗防止作用が重要となる．精密せん断加工では，焼付き抑制のため油性剤や極圧添加剤などの配合量が多くなる．

表 3.1　せん断加工用潤滑剤の種類と性状[24]

加工の種類	板厚	工作油の種類	性状（範囲）				成分*			
			密度 15℃ $[g \cdot cm^{-3}]$	引火点 〔℃〕	動粘度 40℃ $[mm^2 \cdot s^{-1}]$	揮発分 〔％〕	基油	油性剤	極圧剤	その他
慣用せん断	薄板	無洗浄油	0.75～0.85	30～50	0.8～1.5	100	◎	○	—	—
	薄板	乾燥性打抜き油	0.80～0.85	40～110	1～5	90＞	◎	△	△	—
	厚板	一般打抜き油	0.85～0.90	150＜	5～150	0	◎	△	○	—
精密せん断	薄板	半乾燥性打抜き油	0.85～0.90	80～120	2～10	60＜	◎	○	○	防錆
	厚板	精密打抜き油	1.0＜	150＜	30～200	0	△	○	◎	防錆

〔注〕　*成分：◎ 50％以上，○ 10～15％，△ 10％以下，— 添加せず

〔3〕 被 加 工 材

摩耗機構から見て，一般に硬くて粘い材料，また表面に引っかき作用をするような皮膜のある材料ほど工具摩耗が激しい．いわゆる難加工材であり，ベーナイト処理鋼板，けい素鋼板，ステンレス鋼板などがこれにあたる．高強度鋼板では，図3.22に示されるようにクリアランスが小さい場合はステンレス鋼板あるいは軟鋼板に比べて大きな工具摩耗が発生するが，クリアランスを大きくすると摩耗量が低減する[25]．これは，工具面上でのすべり接触の軽減や，クリアランスを大きくすると穴内径がパンチ外径よりも大きくなり，高い圧力を伴う接触が回避されるためと考えられている．通常，被加工材は製品としての用途により，先に決められてしまうことが多いが，製品設計の段階から選択できる場合は，より打ち抜きやすい材料へ転換を図ることが工具寿命の点で有利である．

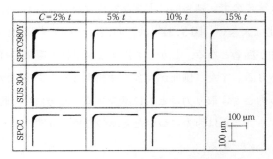

図3.22 2万回打抜き後のパンチ刃先形状[25]
（SKD 11製パンチ：HRC 58）

〔4〕 板 押 え

材料の端面上のすべり量低減と，かす取り時の材料のはね上がり抑制により作用する圧力の低減がある[13]．したがって端面，側面いずれにおいてもこれに基づく摩耗と欠損の減少が期待できる．

〔5〕 せ ん 断 速 度

速度の影響はパンチの速度と単位時間当りの打抜き数の2面がある．通常のプレス加工では高速運転しても0.5 m/s程度である．この場合はほかの要因，

例えば,かす上がり,かす詰りの有無[26]や工具温度の上昇などが関係してくる.数 m/s 以上の高速でせん断した場合は,速度が大きいための慣性効果で材料が板押えされたようになり,端面部の摩耗が減少する[27].

〔6〕 そ の 他

ダイセットの剛性,精度をはじめ多くの因子が影響している.これらの影響については摩耗機構を考えることで定性的な考察は可能であるが,実際の加工条件の設定については難しい問題が多い.

3.1.7 加工力に及ぼす工具摩耗の影響

工具摩耗はクリアランスや刃先丸みの変化をもたらす.したがって,加工力の変化はこうしたせん断条件の変化として生じるものである.図 3.23 にせん断抵抗の推移を示す[2].刃先に丸みが付くと,荷重が増加するが,他方,クリアランスが増大するので,結果的に大きな変化はない.しかし,かす取り力や押込み力の変化は大きい.図 3.24[21] はこの例で,パンチ側面に凝着が発生すると荷重の増加が顕著となる.しかし,適切な潤滑材で凝着を抑えると,荷重の上昇は抑制される.また,側面が大きく摩耗すると,クリアランス増加の効果により押込み力とかす取り力はともに減少する.一方,せん断仕事は,摩耗とともに増加する.これは刃先についた丸みのため,分離に至るまでのパンチ工程が長くなるためである.

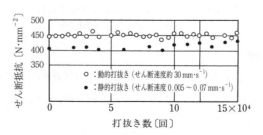

図 3.23 せん断抵抗の推移[2] (12 mm 角型打抜き,工具:SBD,HV 748,792,材料:0.5 mm 厚けい素鋼板,クリアランス 0.6%,潤滑なし)

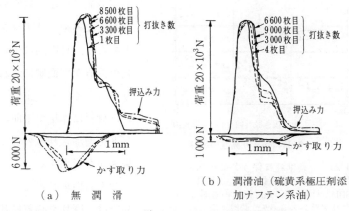

図3.24 せん断線図の変化[21]（直径10 mm 丸型打抜き，クリアランス5％，工具：SKS 3, *HRC* 60, 材料：1 mm 厚 SK 5 鋼板）

3.1.8 製品性状に及ぼす工具摩耗の影響[28]

工具摩耗は，クリアランスの変化，刃先の丸み（または面取り）の増大，工具面の粗さの悪化を招き，製品のだれ，せん断面，破断面，かえりおよび湾曲の変化となって現れる．図3.25[2]は，製品寸法，湾曲，かえり高さの推移を示すものであり，打抜き数の増大，すなわち工具摩耗に対応した変化が認められる．最も問題なのはかえりの増大で，刃先に欠損が生じると，これに対応して大きなかえ

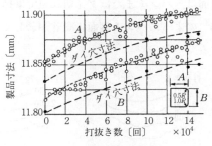

（a） 製品寸法の推移

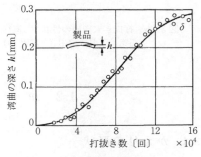

（b） 製品の湾曲の推移

図3.25 工具摩耗に伴う製品形状変化[2]（次ページへつづく）

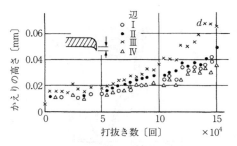

（c） 製品のかえり高さの推移

図3.25 工具摩耗に伴う製品形状変化[2]（12mm角型打抜き，工具：SBD，材料：0.5mm厚けい素鋼板，クリアランス0.6％，潤滑：なし）

りが形成される．通常の摩耗でも刃先丸みやクリアランスが増大すると，材料内に生じる亀裂発生位置が側面側にずれ，かえりが大きくなる．また，工具摩耗は材料に作用する曲げモーメントを増加させるので，この結果湾曲が増大する．

せん断面を必要とする機能部品では，摩耗や凝着に基づく面性状の変化も重要視される．せん断面は，パンチまたはダイ切れ刃で摩擦され，この面性状が転写される．**図3.26**[21]のようにパンチ側面に凝着が著しくなると，切口面もこれに対応して悪化する．

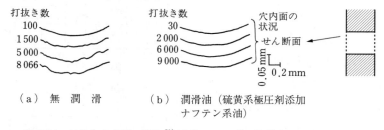

（a） 無潤滑　　（b） 潤滑油（硫黄系極圧剤添加ナフテン系油）

図3.26 打抜き穴内面の性状[21]（直径10mm丸形打抜き，クリアランス5％，工具：SKS3，HRC60，材料：1mm厚SK5鋼板）

3.2 かえり

3.2.1 かえりの形状

かえりは，**図3.27**[29]のようにせん断加工製品の破断面の延長上に鋭くとがった突起物として形成される．刃先に欠損を生じると，その部分に異常に大きな

かえりが生じるようになる．多くの場合，せん断製品の品質はかえりが一つの目安とされる場合が多いことから，工具寿命もかえり高さで判定されることが多い．事実，かえりは切れ刃の摩耗状態を非常によく反映する．

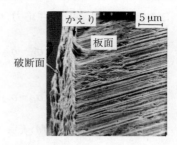

図 3.27 かえりの外観[29]（直径 10 mm 丸形打抜き製品，材質 S 10 C）

3.2.2 かえりの発生機構
〔1〕 通常のせん断加工におけるかえり[30]

通常のせん断加工製品のかえり発生は材料各部の応力状態に関係している．図 3.28 は，工具に接する材料部分の応力分布を模式的に示したものである．材料は，工具表面と平行方向に引張応力，垂直方向に圧縮応力が作用した状態となる．加えて，表面にせん断応力が作用する．ここで，側面引張応力 σ_{t1} は端面引張応力 σ_{t2} より大きい．逆に圧縮応力 σ_{c2}, σ_{c1} は端面側の σ_{c2} のほうが大きい．つまり

$$\sigma_{t1} > \sigma_{t2},\ \sigma_{c2} > \sigma_{c1} \tag{3.5}$$

となる．せん断応力は工具表面と材料面間の摩擦によるとすれば，この摩擦係数 μ を一定として

$$|\tau_1| = \mu\sigma_{c1}, \quad |\tau_2| = \mu\sigma_{c2} \tag{3.6}$$

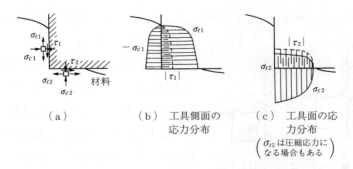

図 3.28 工具に接する材料部分の応力分布[30]

ここで，側面と端面の主応力（絶対値の大きいほう）を求めると

$$側面： \sigma_1 = \frac{1}{2}(\sigma_{t1} - \sigma_{c1}) + \frac{1}{2}\sqrt{(\sigma_{t1} + \sigma_{c1})^2 + 4\mu^2\sigma_{c1}^2} \tag{3.7}$$

$$端面： \sigma_2 = \frac{1}{2}(\sigma_{t2} - \sigma_{c2}) + \frac{1}{2}\sqrt{(\sigma_{t2} + \sigma_{c2})^2 + 4\mu^2\sigma_{c2}^2} \tag{3.8}$$

$\mu = 0.2$程度で各応力の大きさを図3.28（b），（c）のように考えると，通常 $\sigma_1 > \sigma_2$ となる．大きな塑性変形をし，十分加工硬化した状態では最大引張主応力が破壊の有力な基準となり，σ_1 の作用する側面のほうが危険である．

したがって，工具側面の刃先に近い所から亀裂が発生しやすい．パンチ，ダイのいずれかより亀裂が始まり，相手側から生じた亀裂と会合するので，製品には**図3.29**のようにかえりが生成する．摩耗などによりクリアランスが大きくなると，曲げモーメントが増加し，刃先部の圧縮応力が大きくなり，亀裂発生位置が，より側面側に移動するため，かえりが大きくなる．また刃先に丸みがついても当然かえりは大きくなる．

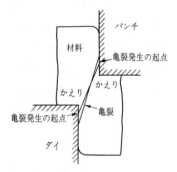

図3.29 亀裂発生に伴うかえりの発生

〔2〕 その他のかえり

クリアランスが小さい場合やダイ穴が長い場合は，工具の側面でこすられてかえり状のものが発生することがある．パンチ側面に凝着物が付いて製品穴内面をこするときも同様である．

精密せん断や仕上げ抜きでは，亀裂発生がないのでこれによるかえりは生じない．しかし，高静水圧下での加工であり，材料の延性が高められた結果，**図3.30**に示す押出しに似たメカニズムによりかえりが発生する．

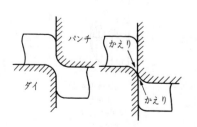

図3.30 精密打抜きにおけるかえりの発生

3.2.3 かえり高さと工具摩耗[31]

3.2.2項で述べたように，摩耗によってかえりが増加するのは，おもに切れ刃丸みの増加によって亀裂の発生位置が変わるためである．したがって，パンチ刃先摩耗はパンチ下製品のかえりに，ダイ切れ刃摩耗はダイ上製品のかえりにそれぞれ影響する．**図 3.31** は，種々の形状に研磨した切れ刃がかえり形状に及ぼす影響を示すものである[31]．摩耗状態を擬して丸みや面取りをパンチ刃先に付けると，打ち抜かれた製品には，刃先形状にほぼ対応したかえりが発生する．また**図 3.32** は，ダイ側の寸法と刃先形状を変えた場合も含め，パンチ刃先丸みと面取りの影響を示したものである．かえり高さはパンチ刃先形状に依存し，ダイの影響をほとんど受けていない．したがって，パンチ下，ダイ上いずれの製品を使うかで工具への配慮が異なってくる．

実際に観察される摩耗形態を大別すれば

（1）側面摩耗は大きくても刃先は比較的鋭利さを保つ場合で，かえりの増

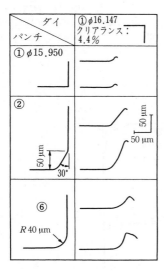

図 3.31 パンチ刃先形状とかえり形状の対応[31]（直径 16 mm 丸形打抜き，材料：S10C，クリアランス 4.4%）

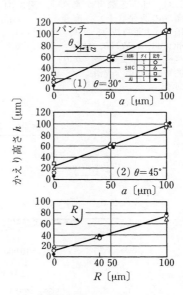

図 3.32 刃先の丸み，面取りの大きさとかえり高さの関係[31]（直径 16 mm 丸形打抜き）

加は小さい.

（２）側面摩耗とは関係なく丸み，または面取り状に大きく摩耗する場合で，かえりはかなり大きくなる．

図 3.33，**図 3.34**[28]にはこの例を示す．図 3.33 は酸化皮膜付きベーナイト処理鋼板の打抜き，図 3.34 はステンレス鋼の打抜きにおけるかえり高さの推移である．この両者は**図 3.35**が示すように摩耗形態が大きく異なる．ステン

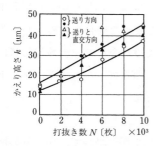
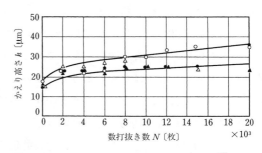

図 3.33 打抜き数とかえり高さの関係（Ⅰ）[28]（直径 10 mm 丸形打抜き，工具：SKD 11, *HRC* 60, 材料：ベーナイト処理鋼，クリアランス 5 %, 潤滑：マシン油）

図 3.34 打抜き数とかえり高さの関係（Ⅱ）[28]（直径 10 mm 丸形打抜き，工具：SKD 11, *HRC* 60, 材料：ステンレス鋼，SUS 304, クリアランス 5 %, 潤滑：マシン油）

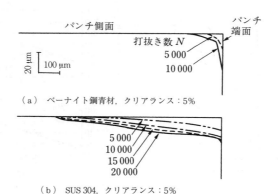

図 3.35 パンチ切れ刃の摩耗形状[28]（工具：SKD 11, *HRC* 60, 潤滑：マシン油）

レス鋼の場合は上記（1）にあたり，かえりの増加は小さい．他方，ベーナイト処理鋼の場合は（2）に相当し，かえりが急増している．以上のようにかえりは刃先摩耗の影響を大きく受け，これに比べれば，側面の摩耗の影響は小さい．

3.2.4 欠損とかえり[28]

欠損が生じると，たとえそれが部分的なものであっても工具全体のダメージになる．ほかの部分はさしたることはなくても，欠損のかえりだけで使用不可となることが多い．摩耗にもまして欠損の対策は重要である．

3.2.5 加工条件とかえり

一般的にはクリアランスは小さいほうがかえりは小さい．しかし，摩耗は大きくなるのでこれに伴うかえりの増加が大きい．また，著しく小さなクリアランスでは，精密打抜き的な延性かえりが発生する．通常，クリアランスは打抜き輪郭上均一が好ましいが，偏心があると図3.36のように変化する[32]．

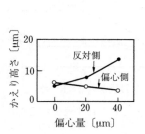
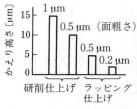
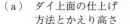
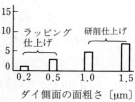

図3.36　かえり高さに及ぼすクリアランスの不均一の影響[32]

図3.37　かえり高さに及ぼす工具仕上げの影響[33]（100個目のかえり高さ，材料：0.1 mm Fe-Ni合金，工具：超硬合金）

切れ刃に関しては，仕上げの影響が大きい．図3.37[33]のように同じ粗さでもラッピング仕上げのほうが研削仕上げよりかえり高さが小さくなる．刃先の研削目は，小さな欠損となり，これに対応するかえりが生じる．また，せん断

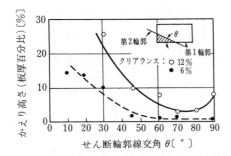

図 3.38 せん断輪郭線交角とかえり高さの関係[33]（材料：ステンレス鋼，SUS 304）

した部分を再せん断するとき，交点に大きなかえりが発生する．調査結果によれば図 3.38 のように $\theta < 45°$ では急激な増加が認められている[33]．

3.2.6 表面処理とかえり

ベーナイト処理鋼板の打抜きにおけるかえり高さに及ぼす表面処理の影響を図 3.39 に示す[16]．なお，無処理の工具は SKD 11（HV 720）である．打抜きの初期には，表面処理の効果はあまり見られない．しかし，打抜きを繰り返すと無処理ではかえり高さが著しく増加する．一方，PVD 処理および溶融塩浸漬法による被覆処理を行うと，かえり高さの増加傾向が低減する．

工具側面に凝着したアルミニウムが，材料分離後の切口面と凝着することで，かえり高さが増加すると考えられ，硬質膜をパンチにコーティングすることが行われている．図 3.40 は，3 種の硬質膜を SKH 51（HRC 61）にコーティングした工具（パンチ）を利用し

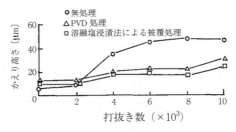

図 3.39 かえり高さに及ぼす表面処理の影響[16]（クリアランス 5%，打抜き直径 ϕ 10，被加工材：1 mm 厚ベーナイト処理鋼板）

てアルミニウムの板材の穴抜きを 5 000 回行った場合のかえり高さの変化である[34]．また，5 000 回目の穴抜きにて得られた切口面の観察結果が図 3.41 である．DLC コーティングがかえりを低減することに有効であることがわかる．なお，5 000 回後の TiCN コーテッド工具ならびに CrN コーテッド工具の場合には，パンチにアルミニウムの大きな凝着が確認されている．これに対し，DLC コーテッド工具の場合は，刃

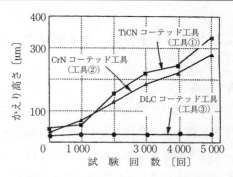

図3.40 各種コーテッド工具により得られた穴部かえり高さと試験回数の関係[34] (ϕ5 mm 穴,クリアランス10%,5000系アルミニウム,厚さ1 mm)

（a） TiCN コーテッド工具（工具①）　（b） CrN コーテッド工具（工具②）　（c） DLC コーテッド工具（工具③）

図3.41 各種コーテッド工具により得られた切口面の観察結果[34]（5 000回穴抜き後,ϕ5 mm 穴,クリアランス10%,5000系アルミニウム,厚さ1 mm）

先部や側面部にはほとんどアルミニウムの凝着物が発生しないことが明らかにされている.

3.2.7 かえりの処理[35]

通常のせん断加工では機構的にもかえりの発生は避けられない.したがって,かえりが障害となる場合はかえり取り作業が行われる.方法的には,バレル仕上げ,噴射加工による仕上げ,研磨布紙による方法など多彩である.かえり取りの要求精度,かえりの形状,製品形状などを考慮して方法が選択される.

3.3 かす上がり,かす詰り[36]

3.3.1 問　題　点

かす上がりとは,せん断加工,特に打抜き,穴あけにおいて,**図 3.42** のように本来,ダイ穴下方に落ちるべき抜きかす,または製品が何らかの理由でパンチについて上がってくる現象をいう.場合によってはシェービング加工でも生じ,このとき上がってくるのはシェービングくずである.

かす詰りとは,抜きかすがダイ穴内に多量に堆積してしまうことをいう.かす上がり,かす詰り現象が問題となるのは,おもにつぎの二つの理由による.

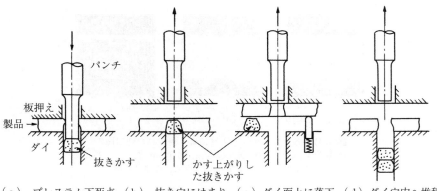

（a）プレスラム下死点における抜きかす　（b）抜き穴にはまり込んだ抜きかす　（c）ダイ面上に落下した抜きかす　（d）ダイ穴内へ堆積した抜きかす

図 3.42 かす上がり,かす詰り現象

〔1〕工　具　寿　命

抜きかすがダイ上に上がってくると,**図 3.43**（a）のように材料との間に挟まれる.結果としてパンチの変形をもたらし,折損やクリアランス変化による異常摩耗を引き起こす.また,同図（b）のように,かすが打ち抜かれた穴に入り込むと,材料送りを阻害するので微小量だけ材料が送られる.これをせん断するので,くずがクリアランス部に入り,かじりや異常摩耗が生じる.

3.3 かす上がり，かす詰り

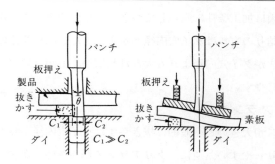

(a) かす上がりによるクリアランス変化，パンチの変形

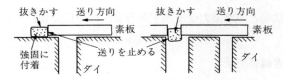

(b) かす上がりによる材料送り不良

図3.43 かす上がり，かす詰りによる問題

パンチが細い場合，かす詰りが著しくなるとパンチの折損を招く．

〔2〕 製品の不良

図3.43からもわかるように，製品の打こんの原因となる．

3.3.2 発生原因

かす上がりの原因は，**図3.44**に示すように，パンチのかす取り工程（戻り工程）において働く①バキューム，②油，③圧着などによる吸着力が，これを防止しようとする①重力，②摩擦力，③慣性力に勝っていることによる．これら以外にも，電磁力の影響なども考えられている．かす詰りの原因はこれと逆になる．

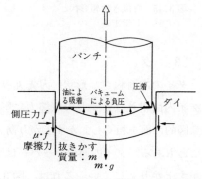

図3.44 かす上がり，かす詰りの要因

これらの要因は加工条件に照らしてつぎのように考えることができる．かす上がり，かす詰りの有無はダイ穴内径とかす（また製品）寸法の差によって決まる．かす寸法がダイ穴内径よりも大きければかす上がりは生じないが，逆にかす詰りは生じやすい．

〔1〕 **クリアランス**

クリアランスが大きいと一般的に抜きかすはダイ穴内径よりも小さくなるので，かす上がりしやすい．逆に，クリアランスが小さいとかす上がりは生じにくいが，かす詰りしやすくなる．また，小さなクリアランスではせん断面も長くなり，ダイ側面との摩擦力が増加するので，この点でもかす上がりしにくくなる．

〔2〕 **打抜き輪郭形状**

図3.45（a）のような単純な輪郭形状製品はかす上がりしやすい．逆に，同図（b）のようにかすに凹部があるとかす上がりしにくい．これは切口面におけるせん断面割合で説明される．凹部切口面ではせん断面の割合が大きいため，かす上がりしにくいと考えられる．

（a） かす上がりしやすい単純な凸部輪郭

（b） かす上がりしにくい凹部を持つ輪郭

図3.45 打抜き輪郭形状とかす上がりしやすさ

〔3〕 **ダ　　イ**

ダイの内面粗さ，形状，刃先丸みが影響する．ダイ内面粗さはかすとの摩擦力に影響するので，意図的に面を粗くし，かす上がり防止対策とすることもある．ダイ内面のテーパーは平行穴に比べかす上がりしにくい．これは，図3.46のように抜きかすがダイ側面に押し出される効果と，側面

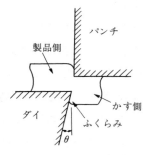

図3.46 テーパーダイを用いたとき生じるふくらみ

でかき落とされる作用によるためである.

ダイ刃先の丸みは,亀裂の発生を遅らせ,かすのせん断面を増加させる.また,せん断中の湾曲を大きくするので,スプリングバックにより寸法が大きくなるのでかす上がりしにくくなる.

〔4〕 摩　　　耗

摩耗はクリアランスの増加と刃先の丸みをもたらす.したがって,摩耗形態によって影響は異なる.最初,かす上がりしていなくても,摩耗によりクリアランスが増大すればかす上がりしやすくなる.逆に,最初かす上がりしていたのが丸みが付いてかす上がりが止まる場合もある.

〔5〕 材　　　料

これもかす寸法との関連が影響する.**図 3.47**[37)]に示すように,破断伸びの小さい材料ほどかす寸法が小さくなる.また,このような材料は概してせん断面も短くなるので,必然的にかす上がりしやすい.打抜きで多用されるばね材の多くは,硬質で延性も小さいのでかす上がりが問題となりやすい.

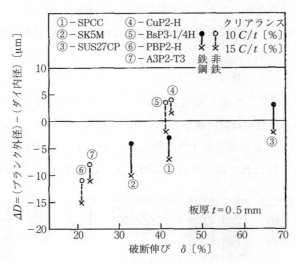

図 3.47 破断伸びと外径寸法[37)]

〔6〕潤　　　　滑

潤滑油はパンチへの付着を強固とするので，特に粘度の高い油の場合，かす上がりを生じさせやすい．ただし，摩耗は減るのでこれに伴うかす上がりは生じにくくなる．

〔7〕加　工　条　件

打抜きでは，分離を完全にするため，ダイ穴内にパンチを食い込ませる．この長さが大きいとかす上がりは生じにくくなる．もちろん，これは，かす寸法がダイ穴内径よりわずかでも大きい場合にのみ生じる．

3.3.3　対　　　　策

かす上がりやかす詰りを防ぐには，3.3.2項で述べたように，これらの現象が生じにくい条件で加工するか，もしくはより積極的に起こさない対策をとればよい．例えば，クリアランスを小さくとればかす上がりはほとんど生じないので，寸法や工具寿命などを考慮して小さなクリアランスを採用すればよい．また，もし許せるならかす上がりの生じにくい輪郭に打抜き形状を変更することも効果的である．現状では完全な方法はないが，実際に行われているいくつかの工夫を以下に示す．

〔1〕工　　　　具

かす上がり対策として最も確実なのはキッカーピンの採用である．かす上がりが予想される場合は設計段階からキッカーを採用するのが一般的である．図3.48にキッカーピンの例を示す[38]．図（a），図（b）は標準的なばねピンタイプ，図（c）はばねを偏心させたもの，図（d）はスペースの関係で板ば

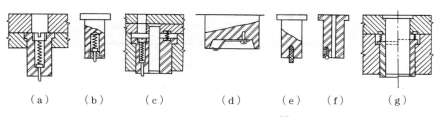

図3.48　キッカーピンの例[38]

ねを用いたもの，図 (e) はウレタンゴム，図 (f) はばねと鋼球，図 (g) は半割段差のノックアウトをそれぞれに用いたものである．

パンチ端面とかすとの付着を防ぐにはパンチ先端形状の工夫も効果があり，**図 3.49** にこの例を示す．また，ダイ刃先の工夫も効果的である．微小二重テーパーを設けたもの（**図 3.50**（a）参照），段差を設けたもの（同図 (b) 参照）などがある．

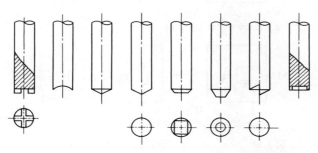

図 3.49 かす上がり防止に効果のあるパンチ刃先形状[38]

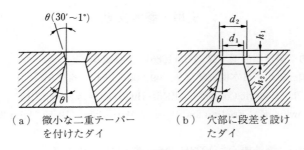

(a) 微小な二重テーパーを付けたダイ　　(b) 穴部に段差を設けたダイ

図 3.50 かす上がりに効果のあるダイ刃先形状

このほか，エアー圧を利用する方法もしばしば用いられる．エアーでパンチ側から吹き落とす方法や，逆にダイ側からバキュームによって吸い出す方法がある．またかすを一度，材料の穴側にプッシュバックし，後工程でかすを払う方法もある．

〔2〕 ストリップレイアウト

複雑形状の部品の多くは順送型で加工される．穴抜きのように単純な工程

は，制約も少ないので抜き順を適切にすることでかなりかす上がりが防げる．シェービングのかすは上がりやすいので，例えば，図3.51のようにかすを（不必要ではあるが）リング状にして抜く方法もある．

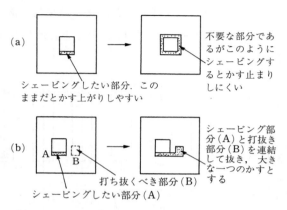

図3.51　シェービングのかす上がり防止に役立つ工夫

引用・参考文献

1) 青木勇：塑性と加工, **27**-300（1986）, 140-150.
2) 前田禎三ほか：日本機械学会誌, **69**-568（1966）, 609-616
3) Holm, R.：Electric Contacts,（1946）, Hugo Gerbers Forlag, 214.
4) Rabinowicz, E.：Friction and Wear of Matrerials,（1965）, John Wiley & Sons, 168.
5) 前田禎三：塑性加工,（1972）, 296, 誠文堂新光社.
6) 前田禎三ほか：塑性と加工, **20**-218（1979）, 208-214.
7) 斎藤博：同上, **4**-25（1963）, 87-96.
8) 春日保男ほか：同上, **17**-189（1976）, 805-811.
9) 高石和年ほか：同上, **21**-236（1980）, 784-792.
10) 前田禎三ほか：同上, **14**-152（1973）, 697-708.
11) 前田禎三ほか：同上, **15**-163（1974）, 652-660.
12) 前田禎三：第67回塑性加工シンポジウムテキスト,（1979）, 1-9.
13) 前田禎三ほか：塑性と加工, **18**-199（1977）, 627-632.

14) 青木勇ほか：同上，**23**-254（1982），232-237.
15) 古閑伸裕ほか：同上，**54**-628（2013），446-450.
16) 青木勇ほか：同上，**30**-342（1989），982-988.
17) 古閑伸裕ほか：平成14年度塑性加工春季講演会講演論文集（2002），21.
18) 日比野文雄ほか：塑性と加工，**5**-46（1964），779-786.
19) 前田禎三ほか：昭和52年度塑性加工春季講演会講演論文集，（1977），315.
20) 前田禎三ほか：塑性と加工，**22**-240（1981），26-30.
21) 前田禎三ほか：同上，**21**-230（1980），241-249.
22) 青木勇：潤滑，**30**-9（1985），633.
23) 青木勇ほか：昭和63年度塑性加工春季講演会講演論文集（1998），331.
24) 木村茂樹：塑性と加工，**55**-638（2014），209-213.
25) 古閑伸裕：同上，**55**-646（2014），1024-1028.
26) 中川威雄ほか：プレス技術，**26**-10（1988），18.
27) 青木勇ほか：塑性と加工，**24**-268（1983），505-509.
28) 村川正夫ほか：同上，**29**-324（1988），60-68.
29) バリの抑制，除去技術，中部経営開発センター，（1982），133.
30) 前田禎三：精密機械，**25**-6（1959），248-263.
31) 前田禎三ほか：塑性と加工，**18**-194（1977），210-215.
32) 和田和夫：プレス技術，**17**-10（1979），87.
33) 青木恒夫：第67回塑性加工シンポジウムテキスト，（1979），52.
34) 古閑伸裕ほか：平成7年度塑性加工春季講演会講演論文集（1995），81-82.
35) 例えば，プレス技術，**25**-13（1987）.
36) 例えば，同上，**26**-10（1988），1.
37) 和田和夫ほか：塑性と加工，**13**-134（1972），204-211.
38) Strasser, F.：Tooling，（1974-4），14.

4 精密せん断加工

4.1 精密せん断加工の目的

　せん断加工は生産性の高さが特徴であるが，切口面付近ではせん断変形および破断を伴うため，十分な加工精度が得られない場合がある．具体的には切口面に生じるだれ，破断面，かえり，部品全体で見れば反り，曲がり，ねじれ，輪郭寸法誤差などが挙げられる．これらが問題となる場合には，後加工を要したり他の切断技術が用いられるなど，せん断加工本来の長所が損なわれる．このため，これらの欠陥が生じないような工法が開発され，精密せん断法と呼ばれている．すべての欠陥を抑制するのが理想であるが，実際には抑制対象を絞った開発がなされている．

　切口面の品質が重視される部品では破断面の抑制が求められ，4.2節で述べるファインブランキングが広く用いられている．だれは，適度であれば問題となることは少ないが，ギヤの歯先や幅の狭い部品などで顕著になる場合には対策が求められる．かえりは，板厚方向への突出や脱落が問題となる場合に抑制する必要があり，近年その要求が高まっている．微細部品では板厚に対して相対的に部品の輪郭寸法が大きくなり，反りや曲がりのような形状不良が生じやすくなる．また，相似な変形を仮定すると板厚が薄くなるほど，クリアランスの精度や工具刃先の摩耗の影響が大きく現れる．

　棒材や管材では長尺品を分断する用途でせん断加工が用いられるが，切断部では厚さの異なる条件でせん断が行われることになり，変形は複雑になる．棒

材は鍛造用素材として用いられることが多く，表面に傷がなく，直角度の良い切口面が求められる．また，管材では管内部に工具を設置するか否かにより工法が分かれ，それぞれ管断面がつぶれないようにせん断する工夫が必要となる．本章では，以上の観点から各種精密せん断法について概説する．

4.2 ファインブランキング

4.2.1 加工の概要

せん断加工は，一対の工具で材料の狭い領域に大きなせん断変形を与えて分断する方法であり，せん断破壊を起こさせているので，一種の破壊加工とみなすことができよう．したがって，分離面は引張試験片の破面のような凹凸を持つかなり荒れた面となる．このようなせん断破壊面にも，せん断面と称する工具側面に接した平滑な塑性変形面が存在するが，ファインブランキングという精密せん断法は，板打抜きにおいて切断面全体をこのせん断面で構成する方法である．ファインブランキングは，切断面が平滑でかつ精度の高いことから精密打抜き法とも呼ばれる．この方法を用いれば平滑な切断面が得られることから，歯車やカムといった切断面を機能面として使用する打抜き品に適した加工法である．

ファインブランキングでは，工具切れ刃からの亀裂発生を防止するため，圧

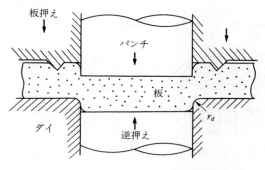

図 4.1 ファインブランキング（精密打抜き法）

縮応力下でせん断変形を行う．材料拘束を高めた状態で，すなわち圧縮応力下のせん断加工を行うため，具体的には**図4.1**のような特殊な打抜き型を使用する．

（1）　零クリアランス型といわれるようにクリアランスをできる限り小さくする．

（2）　板押えおよび逆押えにより，打抜き時に素板を加圧する．

（3）　板押え面上に，場合によってはダイ面上にも，V字形状の突起を備え付け，これにより素板を押さえ込む．

（4）　ダイ側切れ刃にわずかに丸みを付ける．

これらを簡単にまとめれば，打抜き時にダイ側切れ刃から発生する亀裂を抑制するため，実際作業上可能な限りのあらゆる手段を尽くした技法がファイン

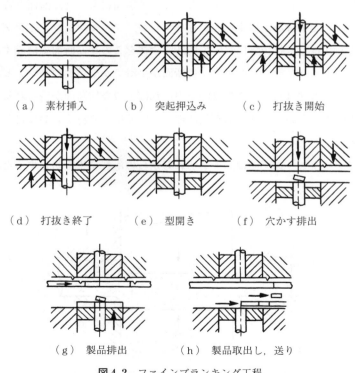

図4.2　ファインブランキング工程

ブランキングといえよう.

　ファインブランキング工程の一例を**図4.2**に示す．通常は，内外径の同時抜きや穴あけが入るため総抜き型が使用され，逆押えはエジェクターの役割を兼ねる．板押えと逆押えがそれぞれ独立に動く必要があるため，3動プレスを必要とする．3動プレスには機械式と油圧式がある．機械式といっても，板押えや逆押えには油圧を使っており，比較的小型のプレスに使われることが多い．

　ファインブランキングプレスは打抜き型のクリアランスが小さく，また，下死点の精度も高いため，通常は精度と剛性の高い専用プレスが使用される．

4.2.2　加　工　機　構

　材料は高い圧縮応力下では大きな延性を示し，破壊が起こりにくいことが知られている．例えば，高液圧下で金属の打抜きを行うとせん断面が増加する．

　ファインブランキングは，この現象を利用した打抜き法である．言い換えれば，打抜き工具の切れ刃先端から発生する亀裂に対し，圧縮力を加えることにより亀裂が開いて伝播するのを防いでいるとみなすことができよう．

　いくら圧縮力を加えても，材料の延性が少なければ亀裂発生を防ぐことはできない．そのため，ファインブランキングは延性の高い材料にのみ適用できる打抜き法である．金属材料には延性の高い材料が多い．特に銅，アルミニウム，鉄などの純金属は，延性が高いため，ファインブランキングが容易である．これらの材料も合金となると必ずしも延性が高いとはいえず，アルミニウム合金や銅合金も，一般に合金成分の少ない延性の高い合金にしか適用できない．最も重要な炭素鋼については，極低炭素鋼では問題はないが，その他の鋼材では延性を増すため，焼なましやセメンタイトの球状化処理などを施す必要がある．材料のファインブランキング性は，同一材質では引張強さ，硬さ，伸びといった値である程度判断できるが，より正確には引張試験の断面収縮率のほうが相関性は高い．簡便な方法として，通常打抜き型で打抜き試験し，そのせん断面の量で比較する方法が正確である．もっとも，ファインブランキング性は型寿命からも考慮しなければならない．一般に，硬さが大きい材料を打ち

抜くほど寿命は短いが，例えば伸びの比較的大きいステンレス鋼などのように，硬さだけでは判断できない場合もある．

　さて，亀裂発生の抑制であるが，外径抜きの場合には製品側に進行する亀裂はダイ切れ刃から発生する．そのため，まず，ダイ切れ刃にわずかの丸みを付けて切欠効果をやわらげる．打抜き時には，切れ刃のクリアランスが0であるため，パンチの押込みとともにダイ切れ刃部の圧縮が高まる．零クリアランスと切れ刃の丸みだけの手段で亀裂発生を抑えた簡単な打抜き法に仕上げ抜きがある．仕上げ抜きでは，これに加えて板押えと逆押えで板を加圧することにより，切れ刃部の圧縮力をいっそう高める手段をとっている．特に，抜きかす側の材料の拘束力はもともと少ないので，板押えにより拘束力を補って圧縮力を高めている．桟幅が小さいときなど，平面の板押えだけでは十分でなく，そのためV字形突起を押し込み，拘束をより確実なものとしている．板厚が厚い場合など，板押え側だけの突起で十分でないときは，ダイ面上にも突起を付けて拘束をより強固なものとしている．また，板押え側だけの突起は，パンチ下材料の反り変形を助長する働きをするので，切口面のテーパーを増やす原因になる．ダイ面上の突起の設置は，反り変形を減らしテーパーを減少させる効果がある．

　逆押えの効果は，パンチ下の材料を押さえ付けることにより，板押えをより効果的にする役割のほか，穴あけや内径抜きの場合，パンチ切れ刃側からの亀裂発生を防いでいる．内径抜きの場合は，もともと拘束力は高く，切れ刃付近の材料の圧縮力は高まりやすいので，平面の逆押えでも押えの効果は大きい．もっとも，スプラインのような凸部を持つ穴の内面は，逆押えに突起を付けにくいため，亀裂発生を抑止しにくくなっている．また，逆押えは打抜き時のパンチ下の板の反りを防ぎ，打抜き品の平坦度や切口面のテーパーを減らし，直角度を向上させる役割も大きい．

　切れ刃付近に発生する圧縮力は，輪郭形状にも大きな影響を受ける．凸部輪郭の打抜きの場合，ダイ切れ刃付近は材料不足となり，引張応力状態となり，逆に凹部輪郭では材料が余り，圧縮応力状態となる．同じ輪郭でも打抜きから

見たときの凸部は，穴あけから見れば凹部である．さらに，凸部でダイ側から亀裂が発生すると，凹部に当たるパンチ側からはますます亀裂が発生しにくくなる．**図 4.3** に輪郭形状と破断面の関係を示す．凸部輪郭でも先端角度が小さくなると，亀裂が発生しにくくなるのは，輪郭周辺から圧縮力が十分に働くためと思われる．

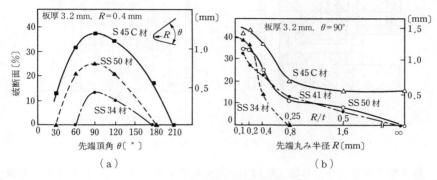

図 4.3 輪郭形状と破断面の関係[1]

ファインブランキングは，このように切口全面をせん断面とすることが主目的であり，だれやかえりが少なくなるわけではない．かえりは，切れ刃の摩耗と比例して発生するが，ファインブランキングでは切口面が全面せん断面となるため摩擦長さが増え，切れ刃の摩耗は通常の打抜きに比べて大きい．そのため，極圧添加剤を含む粘性の高い潤滑剤を使い，摩耗を少なくすることが必要となる．特に，凸部輪郭では摩耗が激しくなるので，できるだけ輪郭に大きな丸みをとることが望ましい．また，切れ刃の摩耗自体が大きい上，かえりは圧縮応力下で形成されるため，残留するかえりは，通常の打抜きに比べてかなり強固となる．このため，多くの場合，打抜き後のかえり取り作業が不可欠となる．

4.2.3 金　　　型

ファインブランキング金型には総抜き型や順送型が使用される．一般に，加工精度と平坦度は総抜き型のほうが良好であり，かえりとだれも同一方向にな

る．総抜き型には固定パンチ方式と可動パンチ方式があり，それぞれ固定パンチ方式は厚物大物部品に適しており，また可動パンチ方式は型のメンテナンスが容易であるなどの利点を持つ．図4.4に両方式の総抜き型の例を示す．

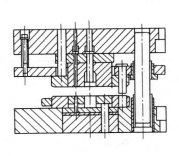
（a）固定パンチ方式

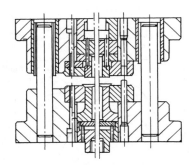
（b）可動パンチ方式

図4.4 ファインブランキングにおける総抜き型の例

抜き型のクリアランスは，被加工材質や輪郭形状によっても異なるが，薄板では1％程度，厚板では0.5％の値を目安としており，通常の打抜きに比較するとはるかに少ない値である．このように，ほとんど零クリアランスの状態で，しかもかなり高い圧力がかかっても，切れ刃どうしのかじりを起こさせないため，打抜き型は高い製作精度と剛性を必要とする．また，切れ刃の丸みは輪郭凸部ほど大きく付けるが，試打ちを行って切口面の状況を見ながら丸みを増やしていく．

V字形突起は，板厚が薄い場合は，板押え側のみ，厚板の場合はダイ面上にも付ける．それらの寸法例を図4.5に示す．これらの突起は必ずしも輪郭に沿うものでもなく，また必要に応じて桟幅が小さい部分などに重点的に配置さ

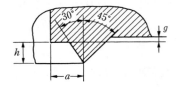

標準寸法			
板厚 t 〔mm〕	g 〔mm〕	h 〔mm〕	a 〔mm〕
1～4	≧0.05	0.2t	0.06～0.75t
4～	0.08～0.1	0.17t	0.6t

図4.5 V字形突起形状と寸法例[2]

れる.桟幅は材料歩留りにも直接関係するので,できるだけ小さくしたいが,V字形突起を食い込ませる必要性もあり,縁桟で板厚の1.5倍,送り桟で板厚の2倍程度をとる必要がある.板押え力はV字形突起の押込み,逆押え力は製品の反りの抑制がなされるようそれぞれ設定される.具体的な数値はせん断対象により異なるが,板押え力はせん断力の50%程度,逆押え力はせん断力の20%程度が目安になっている[3]).

ファインブランキングの成否は,主として被加工材料の延性と金型の製作精

表4.1 切口面状態と型修正の要領[4])

切口面の状態	原因	備考
(図)	ダイ r_d / X / パンチ	切口面性状は良く,型のクリアランス X,切れ刃の丸み r_d も正常
(破断面)	r_d / X	切口面中央に破断面が存在,板押え,逆押えの条件を変えるか,切れ刃の丸みを大きくして修正
(破断面)	r_d / $X+$	切口面のかえり側に破断面,クリアランス過大が原因,修正困難
(図)	r_d / $X-$	板面の盛上り,クリアランス過小(負のクリアランス),修正可能
(図)	r_d+ / $X-$	切口面と板面の盛上り,クリアランス過小と,切れ刃の丸みの過大が原因
(破断面)	r_d+ / $X+$	切口面の盛上りとかえり側の破断面,クリアランスと切れ刃の丸みの過大が原因
(かえり)	r_d / $X-$	通常の摩耗によらない巨大なかえり,クリアランス過小による型のかじりによって生じたパンチの摩耗が原因
(破断面)	r_d / $X+$ $X-$ / r_d	偏心

度によって決まる．切口面状態と型修正の要領についてまとめたものを**表4.1**に示す．

4.2.4 加 工 事 例

ファインブランキングでは，切口面が平滑なせん断面で構成されるのみならず，金型の精度と剛性が高い上，プレス精度も高いので，高い寸法精度の打抜きが可能である．**表4.2**に，ファインブランキング品の寸法精度を示す．また，スリット穴や小穴の打抜き，さらに歯形についても，金型精度と金型剛性が高いため，通常の限界以上の打抜きが可能である．ファインブランキングを順送型で行うと，ほかのプレス加工と組み合わせた複合加工が可能となる．これは，ファインブランキングプレスが3動プレスで，その動きが完全に制御されており，金型を含めて剛性と精度が高いためである．複合加工では，**図4.6**のように半抜き，鍛造，コイニング，さらには曲げ加工を組み合わせた加工が可能となる．**図4.7**に，これら複合加工の製品例を示す．複合加工は型費は高価となるが，他の方法ではなかなか実現できない高度な加工が可能となる．近年，自動車を中心にバルク鍛造品から厚板部品への置換が進んでおり，この種の複合加工は板鍛造加工の一つとして広く活用されるようになっている[5),6)]．また，出力軸数を3軸以上に増やしたプレスも開発され，より複雑な成形と組み合わせた複合加工も行われている[7)]．

表4.2 ファインブランキング品の寸法精度 [4)]

板厚〔mm〕	板の引張強さ $500\,N\cdot mm^{-2}$ 以下			$500\,N\cdot mm^{-2}$ 以上		
	穴あけ ISA 等級	外形抜き ISA 等級	穴間距離〔mm〕	穴あけ ISA 等級	外形抜き ISA 等級	空間距離〔mm〕
0.5〜1	6〜7	7	±0.01	7	8	±0.01
1〜2	7	7	±0.015	7〜8	8	±0.015
2〜3	7	7	±0.02	8	8	±0.02
3〜4	7	8	±0.03	8	9	±0.03
4〜5	8	8	±0.03	8	9	±0.03
5〜6	8	9	±0.03	8〜9	9	±0.03
6〜	8〜9	9	±0.03	9	9	±0.03

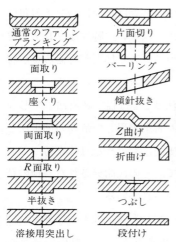

図4.6 ファインブランキングにおける各種複合加工

図4.7 ファインブランキングによる複合加工の製品例（株式会社 秦野精密）[6]

このような複合加工も含めて，ファインブランキングの普及の第1の理由は，プレス加工という量産に適した自動生産加工法で，高付加価値のプレス製品が生産できる点にある．ファインブランキングは，スイスで発達し，その最初の用途は事務機用部品が中心であったが，事務機が電子化されるとともに，ほかの多くの機械部品に適用されるようになった．特に最近，わが国では自動車部品の生産が増えており，それとともに適用板厚も厚くなり金型やプレス機械も大形化している．

4.3 各種精密せん断加工

4.3.1 仕上げ抜き

本加工法は，**図4.8**に示すように，ダイ刃角に小さな丸みを付け，クリアランス C をできるだけ小さくした条件で打ち抜く方法である．刃角に丸みを付けることによって，丸みのない場合に生ずる厳しい変形の集中が緩和され，破断亀裂の発生が抑制されるため，破断面のないせん断切口面が得られる．穴

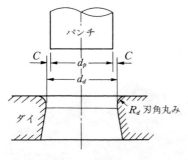

図 4.8 仕上げ抜き

を加工したいときは，逆にパンチ刃角に丸みを付ければよい．特殊なプレスを要せず，慣用プレスで加工が行える点が特徴である．

本加工法は，1行程で破断面の生じない精密せん断を実現した最初の加工法として，歴史的にも大きな意味を持っている．そして，その後開発された各種の精密せん断法の中に，部分的にこの技術が採り入れられている．

破断亀裂抑制のために用いる工具刃角丸みは，製品形状に種々の影響を及ぼす．まず**図 4.9**に，円板の打抜きにおける，刃角丸み半径とだれの関係を示す．丸み半径の増加とともにだれは増大している[8]．同図中に示すだれの大き

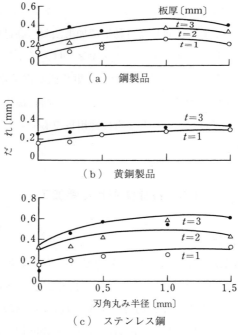

図 4.9 だれと刃角丸み半径の関係[8]

さは，板厚の約 10 〜 20％であるが，製品輪郭が凸形状になるといっそう増大するため注意を要する．

つぎに，**図 4.10** に製品の湾曲と刃角丸み半径の関係を示す[8]．各材料とも丸み半径の増加とともに湾曲が増大しており，その程度は硬い材料ほど著しい．湾曲が増す理由は，丸みの増加により，ダイ刃上でパンチ力を受ける位置が外側へ移動し，支点間距離が大となって曲げモーメントが増すためである．

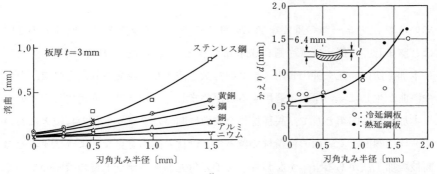

図 4.10 湾曲と刃角丸み半径の関係[8]　　**図 4.11** かえりと刃角丸み半径の関係[9]

図 4.11 に，かえりと刃角丸みの関係を示す．丸み半径の増加とともにかえりが著しく増大している[9]．かえりは，破断亀裂が相対的に面圧の低い工具の側面寄りの位置から生ずるために発生するもので，この増大は，刃角丸みを増したことに伴う必然的な結果である．上記のほか，刃角丸みが加工力に及ぼす影響が検討されているが，打抜き力に対する影響はほとんどなく，また，かす取り力は小さくなる[9]．工具の一方にのみ刃角丸みを付け，他方を鋭角にして亀裂を発生させていることによる．

以上により，刃角丸みは，破断亀裂が抑制できる範囲内でできるだけ小さめにとるのがよいことがわかる．その最適値は，材質，板厚，製品輪郭形状など加工条件によって異なるが，**表 4.3** の値が一応の目安となる[10]．実用上は，小さめの値で試行し，破断が消えるまで順次丸みを増やす方法が有効である．簡便法として，丸みの代わりに面取りのみで同じ効果が得られることも報告され

表 4.3 仕上げ抜きのダイ切れ刃の丸み半径[10]

被加工材料 \ 板厚〔mm〕	1	2	3	5
アルミニウム（AlPl）	0.25	—	0.25	0.50
銅（CuPl）	0.25	—	0.50	(1.00)
軟鋼（SPCl）	0.25	0.05	(1.00)	—
黄銅（BsPl）	(0.25)*	—	(1.00)	—
ステンレス鋼（SUS304-CP）	(0.25)	(0.05)	(1.00)	—

〔注〕 *（ ）内は参考値

ている[11]．いま一つの重要な加工条件であるクリアランスは，原理上小さいほど望ましく，例えば，片側 0.02 mm 以下という値も示されている．

　本加工法は，元来押出し用スラグの打抜き法として開発されたもので，だれや湾曲が生じにくい厚板に適用するのが望ましく，穴あけにも適用しやすい．

　本加工法の応用として，異種材料を表面に貼ったクラッド材の打抜きにおいて，切口端面まで表面の被覆材で覆って，母材の露出を見ないようにするせん断被覆加工法がある[12]．すなわち，ダイ刃角丸みをクラッド材の板厚の半分くらいに選ぶと，破断亀裂の発生を見ずに塑性流動のみで打抜きが進行し，板面の被覆材が切口端面全体に流動して完全に被覆が行われる．

　さらに，本加工法の拡張として，仕上げ抜きを負のクリアランス条件，すなわち，パンチ径よりわずかにダイ穴径を小さくした条件で行う押出し打抜き法がある[13]．加工を進めると，パンチとダイがぶつかり合うため，それ以前に確実に行程を停止させなければならないという不便さはあるが，適用できる材料，製品輪郭形状の範囲は広くなる．その理由は 4.3.3 項で詳しく述べる．

　この節の冒頭で述べた小さなクリアランスと刃先丸みという観点では，PW パンチを用いた精密穴あけが報告されている．**図 4.12** に板厚 4.5 mm の熱間圧延鋼板の穴あけに用いられた PW パンチの外観と刃先の寸法形状を示す[14]．仕上げ抜きとの違いとして，非常に小さなクリアランス（0.5%以下）を設定している点と，それに伴って生じる工具への焼付き対策として，工具の表面処理ならびに側面に逃げ e を設けている点が特徴である．なお，同様の条件をダ

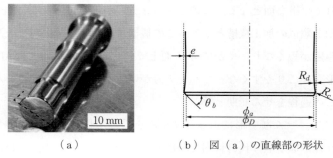

(a)　　　　　　　　（b）　図（a）の直線部の形状

図 4.12　PW パンチの外観と刃先の寸法形状 [14]

イ側に施せば打抜きにも適用可能である[15]．

4.3.2　シェービング

慣用せん断を行った後，これよりわずかに寸法の小さなパンチとダイを用いて，できるだけ小さなクリアランスの条件でせん断を行い，切口面に生じているだれ，破断面およびかえりを削り取って平滑な仕上げ面を得る方法がシェービングである．

加工機構は，**図 4.13** に示すように，切削期とせん断期とから成る[16]．すなわち，取り代が小さいため，ダイ刃が切り込むと，まずせん断変形は図の AC 面上で生じ，ABC 部分が切りくずとなって外側へ排除され，AE 面はダイ側面

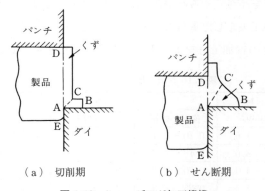

(a)　切削期　　　　（b）　せん断期

図 4.13　シェービング加工機構

でこすられて平滑な面となる．このときパンチ刃からの切込みはなく，バイトによる切削と類似の加工機構となる．この機構が続くと，順次パンチ刃とダイ刃を結ぶ距離が短くなり，やがて AC′ 面上でのせん断変形よりも，AD 面上のせん断変形が起こりやすくなってパンチ刃が切込みを始め，通常のせん断加工となる．この過程をせん断期と呼ぶ．

切削期には，せん断変形によってゆがみを受けた材料部分は外側へ排除され，せん断変形面が取り代材料内を順次上へ移動していくため，つねに新たな面上でせん断変形が生ずるが，せん断期になるとせん断変形面は AD 面上に固定される．そして，初めは平滑なせん断面部分が形成されるが，ゆがみ変形がつぎつぎに累積していくため，やがて変形能が尽きて破断面が生ずる．

破断面を生じさせないためには，取り代を十分小さくとって切削期を長くしなくてはならないが，前加工で生じただれや破断面が深いと取り代が小さくできず，この場合には，シェービングが2回以上必要となる．切削期を長くとる立場から，シェービングの方向にも注意しなくてはならない．すなわち，前加工の打抜きとシェービングの加工方向を同一にとれば，加工終期に取り代が小さくなり，切削期を長くすることができるため望ましい．

シェービング代は，材質，板厚，製品輪郭形状などによって異なるが，推奨値として，**表 4.4**[17]，**表 4.5**[17] および **図 4.14**[18] のようなデータがある．

クリアランスを小さくすると型合せが面倒になることから，パンチをダイ穴に貫入させない工夫をした重ね板シェービング法がある[19]．シェービングを途中で止め，つぎの被加工材を上へ重ね合わせ，また途中までシェービングを

表 4.4 シェービング取り代の値[17]

板　厚 t〔mm〕	両側取り代〔mm〕		
	黄銅，軟鋼	半硬鋼	硬　鋼
0.5～1.6	0.10～0.15	0.15～0.20	0.15～0.25
1.6～3.0	0.15～0.20	0.20～0.25	0.20～0.30
3.0～4.0	0.20～0.25	0.25～0.30	0.25～0.35
4.0～5.2	0.25～0.35	0.30～0.35	0.30～0.40

表4.5 シェービングの回数[17]

製品輪郭の性質	シェービングの回数	
	板厚 3 mm 以下	板厚 3 mm を超えるとき
なだらかな曲線	1	2
鋭い角のある輪郭	2	3～4

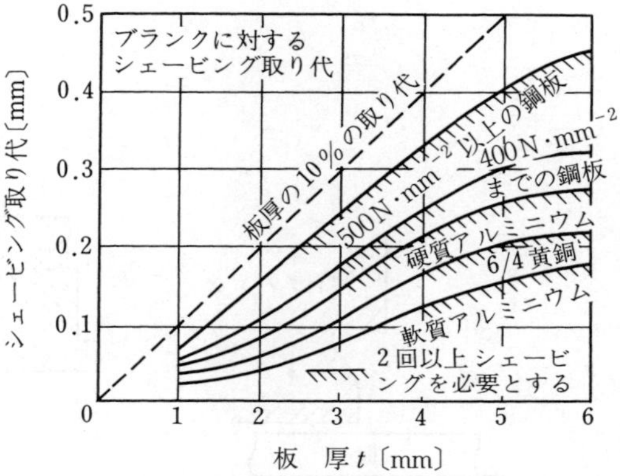

図4.14 シェービングの取り代[18]

し，つぎつぎにこれを繰り返す方法である．パンチの製作が楽になり，取り代も大きめにできるなどの特徴が生まれる．

シェービングの適用域を広げるための特別な方法として，振動シェービング法が開発され，専用プレスも作られている[19]．工具刃を軸方向に微小振動させながらシェービングを行う方法で，工具と材料の間に潤滑油がうまく導入され摩擦が減るため，切削期を長くすることができ，適用域が広がる．

加工の簡便化のため，前工程の慣用せん断とシェービングを1行程で行う工夫がなされている．単純な形式としては，図4.15のように穴あけパンチ刃とシェービング刃を2段に並べ，その間にシェービングくずの流れ込む凹部を設けた削り抜き法がある[20]．特に，バーリング穴の加工に適すると報告されている．また，穴あけパンチ刃とシェービング刃の間を約6°のテーパー面で結んだ段付きパンチを用いる図4.16のフローパンチング法[21]がある．テーパー面で削りくずを半径方向へ加圧しながらシェービングが進むため，取り代が大きくなっても破断亀裂が生じず，適用域が広くとれる．本加工法を打抜きに適用するときには，ダイを段付きにするフローブランキング法がある[22]．この場合，ダイ段部にシェービングくずが残るため，パンチの先端部に溝を設け，戻り行程でくずをひっかけて上昇させ，抜きかすを穴へ押し戻して一緒に送り出

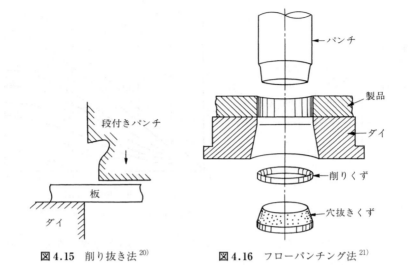

図4.15 削り抜き法[20]　　**図4.16** フローパンチング法[21]

す方法がとられる.

　このほか，厚板から温間シェービングで歯車を加工する方法が提案されている[23]．すなわち，S45C材を約700℃に加熱すれば，板厚20mm程度まで，破断面のないシェービングが可能で，**図4.17**のように粗打抜きとともに1行程で歯形部品が製造できる．粗打抜き工程で歯先部に生ずる大きなだれ込みを防ぐため，歯先円直径のブランクを用い，歯面と歯元部のみの加工を行う工夫

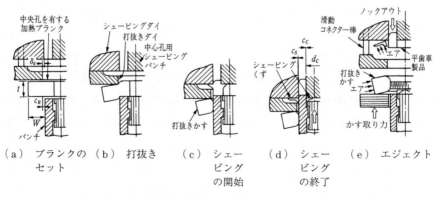

図4.17 1行程加熱シェービング法による厚肉平歯車の製作工程[23]

も提案されている．この方法は，さらに，はすば歯車の加工へと展開されている[24)]．また，近年ではマグネシウム合金への適用[25)]や高強度鋼板への適用[26)]が見られ，適切な取り代により全面平滑な切口面が得られた事例も報告されている．特に高強度鋼板では，慣用せん断による切口面で生じていた遅れ破壊が，シェービング加工後には抑制されたという結果も得られている[27)]．

4.3.3　対向ダイスせん断法

破断面のない精密せん断を実現できる範囲を広げることに加え，だれやかえりもなくして，より理想に近い精密せん断を行うことをねらって開発されたのが対向ダイスせん断法[28)]である．

本加工法は，**図 4.18** に示すように，打抜きに対して突起付きダイを用いることが特徴である．図に従って加工順序を述べると，まず加工行程の 70 ～ 80 ％は，平ダイと突起付きダイにより進められる．すなわち，平ダイ刃角 A と突起付きダイ刃角 B を結ぶ図中の破線がせん断変形面となり，抜きくずを外へ排除しながらもっぱら平ダイ刃による切削的な切込みが進行する〔図（b）

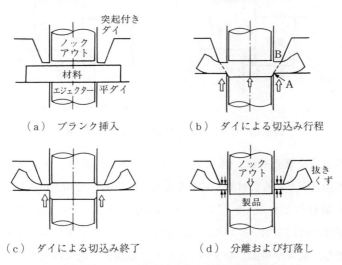

（a）ブランク挿入　　　（b）ダイによる切込み行程

（c）ダイによる切込み終了　　（d）分離および打落し

図 4.18　対向ダイスせん断法の加工行程（打抜きの場合）

参照〕．このとき，突起付きダイはノックアウトパンチと一体となって，いわば負のクリアランスを形成し，大きな取り代まで切削機構が実現できるようにしている．最終分離はノックアウトとダイの間で打抜きが行われる．この行程は正のクリアランスとなるが，切残し厚さは薄く，また，両ダイにより材料を挟んで加圧した状態で行うため破断面は生じにくい〔同図（d）参照〕．

　本加工法では，行程の大半が負のクリアランスの状態で行われるため，**図4.19（b）** に示すように，加工中クリアランス部分の板厚が減らされ材料が余ってくる．このため，この材料を外へ排除しないと加工が進まない．製品輪郭部形状が閉じている打抜きや穴あけでは，この排除の流れの抵抗が反力となってせん断輪郭部断面に圧縮応力を付加するため，破断亀裂が発生しにくくなっている．また，この排除の流れを止めれば，余った材料が刃の側面に沿って流れて，板面に盛上りを生じさせるため，排除を適度に拘束すれば，だれの抑制に役立つ．

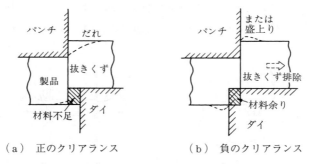

　(a) 正のクリアランス　　　　(b) 負のクリアランス

図4.19 クリアランス条件によるだれ形成の変化

　この考え方を裏返せば，図4.19（a）のように，正のクリアランス条件では，刃の切込みとともに材料が足りなくなり，板面がだれ込むことによってこの不足を補おうとする．そして，だれ込みができなくなった行程で亀裂が生じ，不足分だけ口を開いていく．したがって，正のクリアランスが大きいほど不足が増し，亀裂が発生しやすい．だれの生成機構と亀裂の発生しやすさに関するこの説明[29]は，きわめて単純ではあるが，加工現象を理解するのに有用で

ある.

　本加工法を穴あけに適用する場合には，**図4.20**のように，パンチと突起付きパンチを用いる．図では，抜きくずの排除のための下穴を設けてあるが，穴径が板厚の数倍以上あれば，抜きくずの湾曲により排除に必要な内向き流れが生じうるため，下穴なしで穴あけができる．

　本加工法の特徴である突起付き対向工具の突起部の寸法は，つぎのように決める．加工中の抜きくずの流れを拘束しないよう，突起の高さを板厚の約1.2倍にとり，逃げ側は約25°の傾きを付ける．

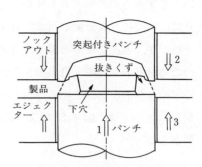

図4.20 対向ダイスせん断法
（穴あけの場合）

頂部平面部の幅は，せん断変形面を抜きくず側へ十分傾けて破断面を生じにくくすること，ならびに突起の強さを保つことのために大きくとりたいが，**図4.21**（a）のように，幅の増大は切削機構の生ずる行程を短くし，加工力を増

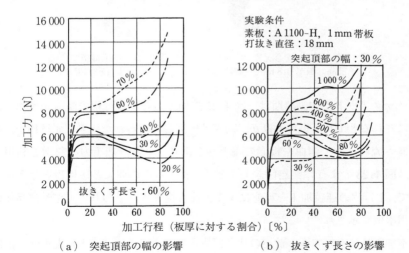

（a）　突起頂部の幅の影響　　　　　（b）　抜きくず長さの影響

図4.21　加工力線図

大させるため，両者を兼ね合わせて板厚の約30%が推奨されている[30]．

本加工法では，ダイ刃の切込みとともに抜きくずが外側へ排除されるため，抜きくず長さの増大とともに加工力が高まる〔図4.21（b）参照〕．この高まりは，同時にせん断変形面に作用する静水圧力を高め，破断亀裂を抑える働きを持つが，過度になると製品の湾曲や盛上りなどを生じさせ好ましくない．このため材料取りの際，最小抜き桟幅を小さくし，この部分の変形によって抜きくずの全体的な排除を図る．抜き桟，送り桟の利用のほか，輪郭形状が複雑な製品に対しては，図4.22のように順送型にして前工程で逃がし穴を設ける必要がある．

図4.22 逃がしを与えた例（電子部品，板厚0.8mm，黄銅）

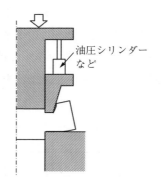

図4.23 差圧機構による1行程加工

ノックアウトの作動時期は，図4.21で加工力の急増行程の直前が良く，これに遅れると工具を傷めるほか，両ダイに押しのけられた抜きくず材料が，製品側へ流れ込んで湾曲や板面の盛上りを生じさせる．加工力の急増を利用して，図4.23のように突起付きダイとノックアウトの間に差圧機構を与えることで，1行程の連続加工を可能にする方法も提案されており[31]，ギヤ部品への適用事例が示されている[32]．

本加工法においても，前述の仕上げ抜きの技術であるダイ刃角丸みが，破断亀裂の抑制に有効となり，普通，板厚の5%程度の丸みを付ける．上述の抜きくず長さの影響とともに図4.24（b）にその様子を示す．しかし，図4.24

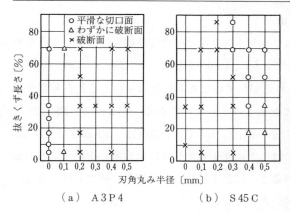
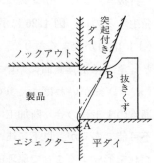

図 4.24 材質による刃角丸みの適用域の相違（実験条件　板厚 5.8 mm，突起頂部の幅 30％，ダイ穴径 18 mm，潤滑剤：牛脂）

図 4.25 刃角丸みによる亀裂進展の相違（もろい材料の場合）

（a）のように，もろい材料になると，この刃角丸みを用いないほうがよい．すなわち，もろい材料では，ダイ刃が切り込むとすぐに亀裂が生じるが，その際刃角に丸みがあると，図 4.25 に示すように，亀裂の発生点が丸みの下側になり，亀裂が一度製品側へ回り込むため破断面が生じてしまう．このとき，刃角が鋭角であれば，亀裂は直接突起付きダイの外側刃角を指して抜きくず側へ進むため，続いての行程でシェービングが行われ，平滑な切削面が得られる．この機構によって，フェノール樹脂，エポキシ樹脂，モリブデン，アルミニウム合金などの脆性材や厚板部品など精密せん断が厳しい条件に対する加工実績が報告されている[30]．また，切削機構により平滑面を形成しているため，切口面にはゆがみ変形が残らず素材の変形能が保たれる．この特徴は，鋼板の製造ラインにおいて出荷判定用の引張試験片の打抜きにも用いることができる[33]ほか，バーリング穴に用いることで伸びフランジ性向上にもつながる．

また，図 4.18（c）において，突起付きダイの切込みをわずかに許すことでかえりの抑制も実現できる．

4.3.4 かえりなしせん断法

打抜き,シヤーリング,スリッティングなどのせん断加工においてかえりが発生するのは,**図4.26**に示すように,工具端面よりも工具側面において引張(主)応力が大きくなり[34],刃先がわずかな丸みを有していることを考慮すると,亀裂は工具側面において発生しやすいためである.すなわち,**図4.27**の(a) ① 部がいわばかえりの基〔同図(b) ①′ 部参照〕になるためである.通常の1工程のせん断加工では,このかえりの発生は原理的に防止することが不可能であるが,以下に述べるように2工程以上を使用し,被加工材の両角にだれを形成することで原理的にかえりなしせん断が可能となる.

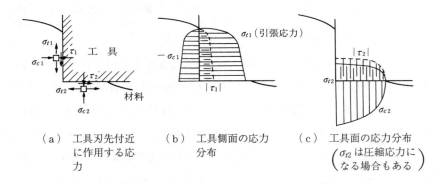

図4.26 工具に接する材料部分の応力分布 [34]

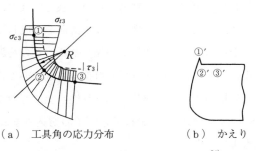

図4.27 工具角におけるかえりの発生 [34]

〔1〕上下抜き[35]

図 4.28（a）に示すように，被加工材にある程度のせん断変形を与えた状態でいったん加工を中断し，つぎに最初のダイに対向する位置に第 2 の工具を配置して，最初に受けた材料のせん断変形を元に戻すように逆方向の加工を行う．

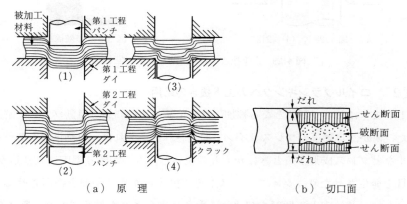

（a）原理　　　　　　　　（b）切口面

図 4.28　上下抜き法の原理図および製品切口面[35]

この場合第 1 の工具のクリアランス，パンチ食込み量を適当に選ぶことにより，最初の工程で生じたせん断面とだれを消滅させないまま，第 2 工程でダイ切れ刃または残留せん断面先端から発生する亀裂で被加工材の分離を完了させることができる．その結果，切口面は図 4.28（b）に示すように，両角にだれが生じており，かえりがまったく存在していない．この方法はかえりなしせん断法の先駆けともいうべきものであるが，第 1 工程のクリアランスを板厚の 2％程度以下の小さなものにしなければならないという点が技術的な困難を生ずる．すなわち，一般のプレスを用い，順送形式で特に薄板の上下抜きを行おうとすると，被加工材の位置決め精度不良のため，**図 4.29** に示すように，第 2 工程において製品がダイ切れ刃によって，余分なシェービングを受け品質を損なうという問題を生じやすい[36]．そのため，この方法を実現しようとすると，トリプルアクションプレスを使用する必要がある[36]．

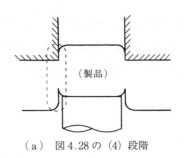 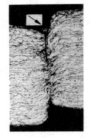

(a) 図4.28の(4)段階　　　　（b）図（a）の破線部詳細

図4.29 上下抜きにおける削りくずの発生

[2] コイルブランキングへの上下抜きの応用[37]

　上下抜きにおいて肝要となる被加工材の位置決めの問題を単動プレスで解決した技術が，自動車のプレスラインで開発された．これは，自動車のドアーパネルなどプレス成形するときにかえりの脱落したものが絞り型内に入り込み，星目を発生させたり，ダイフェース上を移動するかえりが型を損傷させるといった，品質管理上の問題を解決するために開発された技術であり，**図4.30**に型の基本構造を示す．まず固定刃により板厚（0.65～0.90 mm）に対し60～80%の食込みが行われるが，この間圧力発生装置（ナイトロダイン）によって作動する浮動刃は板を押圧した状態にある．固定刃が上昇するにつれて，浮動刃による切込みが行われ板の切断分離が完了する．このようにして，

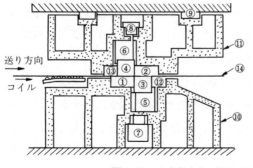

①，②：固定刃
③，④：浮動刃
⑤，⑥：浮動刃用ホルダー
⑦，⑧：ナイトロダイン
⑨：衝撃吸収ウレタン
⑩：下ホルダー
⑪：上ホルダー
⑫，⑬：浮動刃ガイド兼バックアップ

図4.30 かえりなしブランクダイの基本構造[37]

1600 mm（コイル幅）の直線ラインが1行程（プレスの1ストローク）でかえりなしせん断される．ここで，かえりなしせん断法として後述する平押し法ではなく，上下抜き法を採用したのは，さまざまな長手方向長さのブランク取りに対応できることを考慮したためである．

〔3〕 **上下抜きの簡易化（平押し法）**[38]

図4.31に，平押し法と呼ばれて実用化されているかえりなしせん断法の原理を示す．第1工程で被加工材が分離しない程度にせん断食込みを与え，第2工程で平板により，この食込みを元に戻し材料の分離を図るという思想はかなり以前から公知であったが[39]，日本で注目され平押しという名称で普及している．この方法は，第2工程が平板の工具ですむということが特徴であり，そのため，第1工程のクリアランスはゼロまたは負の値を採用している．その

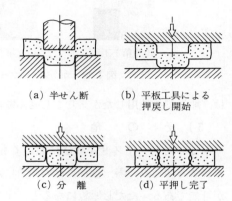

(a) 半せん断　　(b) 平板工具による押戻し開始

(c) 分　離　　(d) 平押し完了

図4.31　平押し法の原理図

後，加工機構[40]や桟幅[41]，被加工材の延性の影響[42]についても研究がなされている．

〔4〕 **加工条件をゆるやかにした上下抜き（カウンターブランキング）**[36]

図4.32にカウンターブランキングの原理を示す．条件は，第1工程と第3工程のパンチ径を等しくする（$d_{st1}=d_{st3}$），第1工程のダイ径と第2工程のパンチ径を等しくする（$d_{p1}=d_{st2}$）などのほかに第1工程はクリアランス（u_1）を板厚の8〜16%，第3工程はクリアランス（u_3）を16〜24%と大きくとることにある（第2工程はパンチの押戻し量が少ないとき，u_2を例えば0%とするか，または前述のように第2工程そのものを平板による押戻しとすることもできる）．このかえりなしせん断法の最大の特徴は，第2工程の上下抜きに比べて工具のクリアランスを大きくとれるという利点が理解されよう．この方法

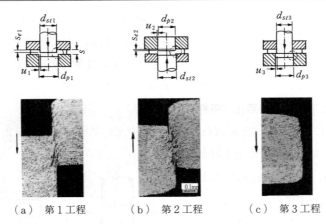

(a) 第1工程　　(b) 第2工程　　(c) 第3工程

図 4.32　カウンターブランキングの原理図[36]

は，順送型を使用したかえりなしせん断法としてドイツで実用化されている．

〔5〕そ　の　他

　前述の対向ダイスせん断法においても，図 4.18（c）における突起付きダイによる切込みの際，被加工材の両角にだれが形成されるのでかえりなし加工が可能である．ただし厚板になると，すでに突起付きダイで切られた平滑面部分が最終的な分離の際に，抜きくずによってこすり上げられ，押し戻されてかえりを作りやすいといわれている．そのための対策としては，突起付きダイのプロフィル寸法を平ダイの寸法よりわずかに小さくする方法が行われている[43]．また，かえりを低減できる方法として，クリアランスを過大にとり，工具の一方に面取りを与えてせん断する簡易バリ低減せん断法が提案されている[44]．図 4.33 は穴あけの例であるが，ダイ近傍付近が引張応力場となるため，亀裂発生位置がダイの角部に近付きかえりが小さくなる．クリアランス管理を厳しくしなくとも小さなかえりを維持できる点が特徴で，自動車のフードインナー大穴部への適用事例が示されている[45]．

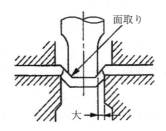

図 4.33　簡易バリ低減せん断法[44]

4.3.5 だれなしせん断加工

だれは前述の図4.19(a)のようにクリアランス部に生じる材料不足を補うようにして生じる．図4.19(b)のように，負のクリアランスにすればかなり小さく抑えられるが，工具角部が材料表面に接触したときに生じるわずかなだれ込みは残る．また，仕上げ抜きのように工具角部に丸みを付けると材料不足が大きくなり，だれも増加する．だれの抑制に特化して提案された方法として図4.34に示す方法がある[46]．図は穴抜きの例であるが，コイニングによりその周囲に材料を盛り上げておいてからせん断する2工程の加工となる．コイニングによる盛上りをせん断時のだれ込みで相殺しようとするもので，材料のn値が小さい場合には効果があることが示されている．

前述の対向ダイスせん断法でも，図4.19(b)の理由でだれが生じにくくなる．また，

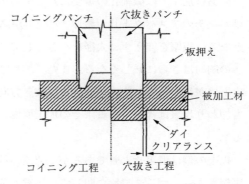

図4.34 だれなしせん断法[46]

ファインブランキングにおいても，V字形突起の押込み体積を増やしたり板厚全体を加圧する方法で，せん断域への材料流動を促してだれの低減を実現した事例が示されている[47]．

4.4　微細部品のせん断加工

4.4.1　加工の特徴

電子部品や機械部品において，極薄板を対象とした打抜きや穴あけが多く用いられるようになっているが，その場合，寸法が小さくなることで技術的な諸問題が生じる．相似な変形を仮定すれば，クリアランスや工具角部の丸みは板厚が薄くなれば，それに応じて小さくする必要があり，金型の加工精度やパン

チとダイの心合せの精度要求も厳しくなる．また，摩耗によるこれら寸法変化の影響も板厚が薄くなるほど大きく現れる．寸法精度に関して，部品寸法が小さくなると多工程の加工では材料送りや位置決めに対する要求精度も厳しくなる．また，部品の輪郭寸法に対して板厚が薄くなると反りやねじれ，たわみなどが生じやすくなる．特に，ICリードフレームのような細長い櫛歯状の形状ではその現象が顕著になる．この点については詳細な研究がなされており，4.4.2項で述べる．

穴あけ加工では微細孔の需要に対して適用が進められている．微細穴抜きではパンチのアスペクト比（板厚/穴径）が高くなり，パンチの座屈強度が問題となる．板厚を変えずに穴径を小さくしていくと小孔抜きとなり，パンチ強度への制約はさらに厳しくなる．また，燃料噴射用のオリフィスでは斜めの微細穴あけが行われており，パンチには抜き方向の力だけでなく，曲げモーメントも加わり現象は複雑になる．その加工機構に関しても近年，研究が行われている[48]．

以上の例は慣用せん断であるが，前述の精密せん断を微細寸法下で実現した事例もある．プレス装置に関して，圧電素子に変位拡大機構を加えたマイクロプレスが開発され，高精度な切込み量制御が可能となっている．このプレスにより平押し法を実施し，板厚 20〜50 μm の金属箔材に対してかえりなしせん断が達成されている[49]．

4.4.2 リードフレーム打抜きにおける形状不良

ICの高機能化によりリード本数が増加し，多ピン化が進んでいる．これに伴い板厚もピッチも微細になり，板厚とリードピッチは 0.15 mm 以下になっている．ここでは，おもにリードの変形に及ぼす諸因子について詳細に調べられた結果を項目に分けて整理する．

〔1〕 **板押え力とリード幅**[50]

板押え力が弱いと，リードがパンチに引き込まれやすく，後抜きパンチに寄る方向に曲がりやすい．この傾向をリード幅と板押え力の関係で示したのが**表**

4.6である．ここで，×印は板押え力が弱くて，つねにリードが後抜きパンチに引き込まれる場合，〇印は板押えが有効に効いている場合である．すなわち，リード幅が小さいほど大きな板押え力を必要とし，逆にリード幅が大きいと板押え力は小さくてよい．リード幅が小さくなる

表 4.6 板押え力比（最大打抜き荷重に対する比）の影響（リード先端を最後に切離し）

板押え力比〔%〕 \ リード幅〔mm〕	0.2	0.3	0.4
25	×	×	×
50	×	〇	〇
100	〇	〇	〇

と，板押えが有効に働かなくなりリードがねじれやすくなる．また，リード先端を最初に切り離す場合には，表4.6から高い板押え力を必要とすることが理解できる．

〔2〕 **工具クリアランス**[50]

リード両側の工具クリアランスに不均等があると，リードはクリアランスの小さい側からクリアランスの大きい側へ曲がる傾向を示す．矩形リードについて，最大打抜き荷重と等しい板押え力を与えた場合の工具クリアランスと曲がりの関係を図4.35に示す．リード幅が狭くなると，両側のクリアランスを左右均等（クリアランス差＝0）にしても抜き順の影響が出てしまい，後抜き側に曲がってしまう．リードの曲がりが，ほぼ0となるのはクリアランス差 ΔC が若干負のとき，すなわち，後抜きクリアランス＜先抜きクリアランスのときである．

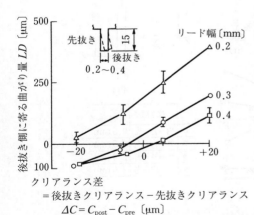

図 4.35 厚さ0.25 mmの42% Ni鋼リードの順送打抜きにおける工具クリアランスの影響（板押え力比100%）

〔3〕 **製 品 形 状**[51]

図4.36 の L 字形リードの打抜きでは，コーナー部 CD の角度が大きくなる方向に変形する．そして，コーナー内側の丸み半径の小さいほうがコーナー角は大きく開く．これと同じ現象はリード根元でも見られ，リード根元のアールが 0.2 mm と小さいので，リードが後抜きパンチの側方力によって押されて折れ曲がっている．コーナー部の外側半径を 1.0 mm 一定として内側半径を 0.5〜2.0 mm に増やすと，L 字コーナー部の剛性が増してここでの変形が少なくなるので，コーナー角の開きは少なくなる．したがって，IC リードフレームの設計では L 字角部の板幅を広くとって剛性を高く設計し，角部の変形に起因する余分なトラブルを防ぐようにすることが大切である．

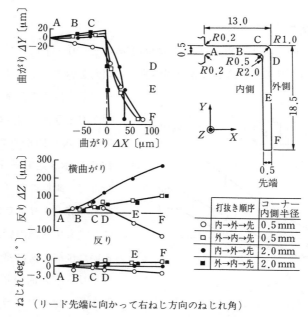

図4.36 L 字形リードの打抜き（パンチは Z 軸の負方向に進行）

〔4〕 **打 抜 き 順 序**[51]

リードは，先端を工程の最初に打ち抜くほうが，最後に打ち抜く場合に比

べ，後抜き工具へ近寄る方向に横曲がりを生じやすい．また，製品寸法のばらつきが多くなる．真っすぐなリードの反りは，打抜き時のかえりを外側とする上向きの湾曲となる．一方，L字形リードでは図4.36に示すように，L字コーナー部の剛性が低いと抜き順がL字の内側を先，外側を後にする場合に下反り，外側を先，内側を後にする場合は上反りとなる．

〔5〕 **残留応力の除去**[52]

リードのねじれやゆがみは，打抜きによって発生した残留応力の不釣合いによるものと考えられ，焼なましにより残留応力を除去すれば低減可能である．I型リードを用いた実験では，側面を打ち抜き後，焼なましを行ってから先端部を打ち抜いた場合，水平変位，垂直変位をほぼ0にできる条件が示されているが，そのためには打抜き条件に対して適切な焼なまし温度と保持時間を設定する必要がある．

〔6〕 **パンチの強度と曲がり**[53]

パンチ幅の限界を刃先にかかる応力の問題から考え，**図4.37**[54]に42% Ni

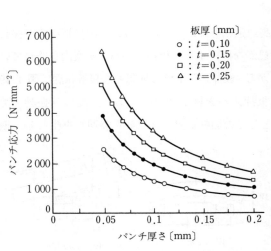

図4.37 42% Ni鋼打抜き時のパンチ刃先応力のシミュレーション結果[54]

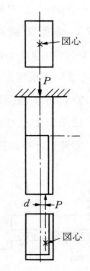

図4.38 L字抜きパンチの偏心荷重

鋼，銅合金を打ち抜く場合のパンチ刃先に生ずる平均圧縮応力のシミュレーション結果を示す．パンチ厚さが0.1mmより小さくなると応力は急激に増加する．パンチの圧縮強さは，靭性を考慮に入れて2500～3000 N·mm^{-2}程度であるから，42% Ni鋼の場合，パンチ厚さは板厚0.25mmで0.12mm程度が限界と考えられる．また，パンチ刃先は薄いので，打抜き荷重により刃先が曲がってしまい，工具クリアランス変動の原因となるほか，パンチの座屈も問題となる．図4.38に示すように，パンチの根元と刃先の図心がdだけ偏心していると，打抜き荷重をPとして，曲げモーメント$M = P·d$が作用してパンチ刃先は左方に曲がり，L字内側方向へシフトしてクリアランスが等しくなくなり，製品の横曲がりの原因となる．これを防止するには，パンチ刃先をできるだけ厚くする，パンチ刃先と根元の図心のずれを小さくする，あらかじめパンチのシフト量を考慮して工具クリアランスを設定する，などが考えられる．パンチの曲がりを拘束するため，サブガイド構造の金型を用い，ストリッパー（板押え）にパンチガイドを兼ねさせ，ストリッパーとパンチのクリアランスを3～5μmとしてダイとパンチのクリアランス10μmより小さくとる．

〔7〕 **金型の板押え**[53]

プレスの1000 spm程度の高速運転時においては，打抜き中に板押えが振動してしまい，板押えが有効に働かない．また，板押えがパンチ案内を兼ねているためパンチの破損にもつながる．板押えと下型の理想的な接触状態は**図4.39**（a）に示すようであるが，板押えが素材に衝突したあと，たわみ振動（図（b）参照）とその後の剛体としての回転振動（図（c）参照）を生じる．振

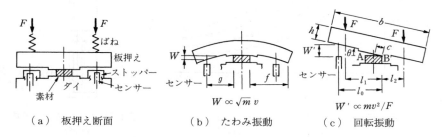

（a）板押え断面　　（b）たわみ振動　　（c）回転振動

図4.39　板押えの振動機構

動の振幅を小さく抑えるには,ばね力 F を大きく,板押えの質量 m を小さくすることが必要である.また,ばね力の作用する場所をなるべく被加工材に近い位置にし,板押えのオーバーハング量を少なくすることが必要である.

〔8〕 **リードの製品欠陥の発生機構**[50]

図 4.40 に示すように切口断面を,だれⓐ,平滑面ⓑ,破断面ⓒ およびダイ圧こんⓓ に分ける.領域 ⓐ$_I$,ⓐ$_{II}$ では,だれのため材料はせん断輪郭線方向(リードの長手方向)に塑性的に縮み,領域 ⓑ$_I$,ⓑ$_{II}$ では打抜き中の側圧力 Q によるバニシ効果によって,せん断輪郭線方向に伸び,ⓒ$_I$,ⓒ$_{II}$ では加工末期に作用する引張力 T のため,せん断輪郭方向に縮み,ⓓ$_I$,ⓓ$_{II}$ ではダイ面圧力 R による押しつぶしのため,せん断輪郭線方向に伸びる.通常の打抜きではⓐ,ⓒ 領域の縮みがⓑ,ⓓ 領域の伸びより大きくなり,リードの打抜き面にはせん断輪郭線方向に圧縮塑性ひずみを生じる.そして,打抜き諸条件がリードの横変形に与える影響は,力学的リードモデルの両側のせん断輪郭線方向の伸びまたは縮みの大小関係によって決定される.例えば,図 4.40 の力学的モデルにおいて,Ⅰ抜きとⅡ抜きの工具クリアランスが異なる場合には,クリアランスの大きい側のⓐ,ⓒ 部のせん断線方向の縮みが小さい側より増加し,ⓑ 部の伸びは減少するため,リードはクリアランスの小さい側

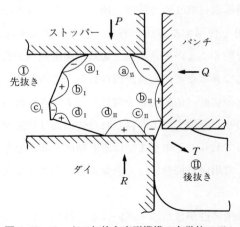

図 4.40 リードの打抜き変形機構の力学的モデル

から大きい側へ曲がる傾向を持つ．

また，板押え力が小さくなると，特に⑪側においては，リードが回転してせん断変形というより，むしろ引張変形に近くなり，ⓒ$_{II}$部のせん断線方向の縮みが増加するため，リードは後抜き工具へ寄る方向に曲がる．

L字形リードの打抜きにおいて，L字コーナー部の幅が狭い場合，抜き順をL字外側を先，内側を後とすればリード先端は真直リードと同じく上反りとなるが，L字内側を先，外側を後に打ち抜くと真直リードと逆に下反りとなる．これは後者の場合，打抜き中にリードの回転が大きくて図4.40のⓒ$_{II}$部の変形が強くなるためと解釈することができる．

4.5 棒管材のせん断加工

4.5.1 冷間鍛造用素材取りとしての慣用棒材せん断法
〔1〕 概　　　説

冷間鍛造用の良質な素材をどのように作るかは，冷間鍛造作業において通常行われる焼なまし，潤滑処理などと同様に重要な問題である．

冷間鍛造用素材としては形状が良好で，きずなどの表面欠陥がないことが望まれる．冷間鍛造用素材取りの方法は，棒材を使用する方法のほかに線材を使用する方法，板材を使用する方法がある．棒材を使用すれば，ピーリングを行って表面欠陥を除くことができるし，切断後潤滑処理が行えるので，素材全面に潤滑剤が塗布できるなどの利点が得られる．このため，現在冷間鍛造用素材は大部分が棒材の切断（切削切断を含む）により得られている．

ただし，棒材のせん断加工により得られた切口面は状態が切削による切口面よりもかなり劣っており，そのままでは所要精度を満足できないため，鍛造用ビレット取りとして用いる場合には，予備据込みのような後加工による修正作業が伴う．

棒材のせん断は生産性がきわめて高いほか，材料のロスがまったくないという点では切削切断法に比べてはるかに優れているので，最大の欠点である切口

精度を改善しようという研究が昔から盛んに行われている．

〔2〕 **せん断素材が冷間鍛造作業に及ぼす影響**

冷間鍛造の主目的である，材料節約と後加工工程の削減を図るためには，素材品質が優れていることが前提といっても過言ではない．**図 4.41** に示すように，素材欠陥は冷間鍛造品および冷間鍛造作業不良をもたらし，その結果製造コストの上昇，自動化困難といった冷間鍛造の利点を決定的に相殺する要因をもたらす[55]．

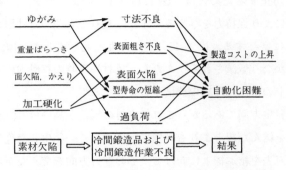

図 4.41 冷間鍛造品製造に及ぼす素材欠陥の影響[55]

せん断素材は，端面の平行度が劣り，切口面も真円とはならない．そのため，鍛造品の寸法精度不良，特に偏心が生じ，肉厚の不均一な製品を生むことになる（**図 4.42** 参照）．

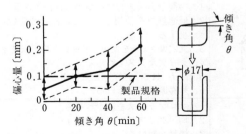

図 4.42 せん断素材の傾きが鋼後方押出し品の偏心に及ぼす影響[55]

〔3〕 **棒材せん断による素材欠陥の発生要因および防止策**

表4.7には，棒材のせん断において生ずる各種の欠陥[56]を図示してある．これらの欠陥は，棒材せん断過程における亀裂の発生および成長の仕方と密接な関係を有している場合が多いので，以下にこの点について触れておく．なお，せん断の型式としては，**図4.43**に示すような通常広く行われている片面せん断を取り上げる．ここで，固定刃と移動刃には，**図4.44**のようなU形と丸形のものがある．U形工具の場合，自由支持のせん断となるため曲がりが生じやすく，それを防止するためには，**図4.45**（a）のようにアップホルダーやダウンホルダーにより保持力を与える．また，ビレット側の定寸用のストッパーも曲がり防止に寄与する．図4.45（b）の丸・丸形式とすれば，切口面のゆがみや傾きはかなり低減される．ただし，棒材挿入時の移動刃の心合せや切断されたビレットの排出のための機構が必要となる[57]．

まず亀裂の発生方向であるが，これは素材の延性が高いほど，移動・固定両カッター刃先を結んだ線上よりも外側に大きく傾く．発生した亀裂は，移動・固定カッター刃先を結ぶ線上に向けて，その進行方向を変えながら成長する．

素材の延性が低いときは，亀裂は最大引張応力が作用する面に沿って進行方向を変えながら成長するため，上下の亀裂はうまく結合しやすく欠陥の少ない

表4.7 せん断製品欠陥の種類，防止策，除去方法

せん断製品の欠陥	欠陥防止のための対策	欠陥除去方法
端面のゆがみ（A-B）	（延性の低下，曲げ防止，均一保持） 1. 冷間予引抜きして材料の延性低下を図る． 2. 低延性材を使用して，せん断時の曲げを防止する． 3. 丸穴カッターを使用して棒材を均一保持する． 4. クリアランスをつめる． 5. l/d（長さ/直径）を大にする． 6. せん断速度を上げる．	予備据込み
耳	1. クリアランスを減少させる． 2. 均一クリアランスを採用する． 3. 棒軸を傾ける． 4. せん断速度を上げる．	バレル加工

4.5 棒管材のせん断加工

表 4.7 つづき

せん断製品の欠陥	欠陥防止のための対策	欠陥除去方法
影（表面割れ）	（材料延性の増加，軸方向拘束の解放） 1. せん断速度を下げる． 2. 棒材焼なましを行い材料延性を増大する． 3. 丸穴カッターを使用する．	焼なまし
タングまたはかさぶた	（材料延性の低下，亀裂方向の制御） 1. 冷間予引抜きをする．または低延性材を使用する． 2. クリアランスを増大する．または均一クリアランスを採用する． 3. 半丸カッターを使用する． 4. 棒軸を傾ける． 5. せん断速度を上げる．	切削で除去
停留亀裂	（材料延性の低下） 1. 棒材の冷間予引抜きをする． 2. 低延性材を使用する． 3. クリアランスを増加する． 4. 半丸カッターを使用する． 5. 潤滑をする．	切削で除去
端面の傾き θ	（延性の低下，曲げ防止，亀裂方向の制御） 1. 冷間予引抜きをする．または低延性材を使用する． 2. クリアランスを減少させる． 3. 棒軸を傾ける． 4. 丸穴カッター，またはストッパーを使用する． 5. せん断速度を上げる．	予備据込み
だれ	（材料延性の低下，切れ刃の鋭利化） 1. 棒材を冷間予引抜きする． 2. クリアランスを減少させる． 3. 切れ刃を再研磨する． 4. せん断速度を上げる．	予備据込み
圧こん	（延性の低下，曲げ防止，均一保持，l/d を大） 1. 棒材を冷間予引抜きする． 2. 低延性材を使用する． 3. 丸穴カッターを使用する． 4. クリアランスを減少する． 5. ストッパーを使用する．	予備据込み
かえり（バリ）	（切れ刃の鋭利化，延性の低下，軸方向拘束の解放） 1. 切れ刃を再研磨する． 2. 潤滑を行う． 3. 冷間予引抜き材を使用する． 4. 丸穴カッターを使用する．	バレル加工

表 4.7 つづき

せん断製品の欠陥	欠陥防止のための対策	欠陥除去方法
端面の凹凸	(材料延性の低下, 亀裂方向の制御, 切れ刃の鋭利化) 1. 冷間予引抜きする. または低延性材を使用する. 2. 適正クリアランスを採用する. 3. 半丸刃を使用する. 4. 切れ刃を再研磨する. 5. せん断速度を上げる.	予備据込み
二次せん断面	(材料延性の低下, 亀裂方向の制御) 1. 材料の冷間予引抜きをする. 2. クリアランスを増加する. 3. 丸刃カッターを使用する. 4. 棒軸方向拘束を解放する.	予備据込み
重量のばらつき	(端面ゆがみ, 傾き, 凹凸, だれ, 圧こんの減少) 1. 棒材の冷間予引抜きをする. 2. 低延性材を使用する. 3. 丸穴カッターを使用する. 4. 切れ刃の再研磨をする. 5. せん断速度を上げる.	切削で除去

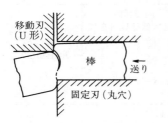

（a）U形移動刃

（b）丸形移動刃

（c）U形固定刃

（d）丸形固定刃

図 4.43 棒の片面せん断

図 4.44 移動刃と固定刃の工具形状[57]

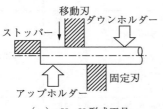
（a）U・U形式工具

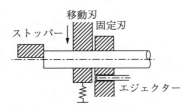
（b）丸・丸形式工具

図 4.45 工具形式[57]

破断面となる.これに対し,素材の延性が高い場合には,最大せん断ひずみを受ける面に沿って方向をあまり変化させずに上下の亀裂がそれぞれ独立に成長するため,上下の亀裂に食違いが生じやすくなり,素材には欠陥として端面の傾き,かさぶたおよび二次せん断面が発生する[55]。

亀裂は,必ずしも上下カッター刃先から同時に発生するとは限らず,その成長の速度も異なる.図4.43のようにU形移動刃を使用すると,せん断加工時の曲げの効果により,移動カッター刃先の静水圧が小さくなるのに対し,固定カッター刃先の静水圧は大きくなり,移動カッター刃先から発生した亀裂は,進行方向を変えながら大きく成長するのに対して,固定カッター刃先から発生した亀裂は,進行方向を変えず,しかもほとんど成長しない.これはかさぶたの発生原因となる.

なお,亀裂の先端をうまく会合させるにはクリアランスも重要な作用をする.すなわち,クリアランスが小さすぎると,上述した亀裂の食違いが生じ,停留亀裂が残り,切口面に有害なタングやかさぶた,または二次せん断面が発生する.クリアランスが大きすぎると,しかしながら,これまた階段状の切口面が生ずる.適正なクリアランスを選んだときには両亀裂はうまく会合し,ゆるやかなS字を描いた切口面が得られる.また,丸棒のせん断では断面の端から中心に向かうにつれて,せん断される材料厚さが増加することになり,均一クリアランスを設定しても,円形断面の中心付近では端に比べて相対的にクリアランスが小さい状態でせん断されることになる.この差は,断面の端と中

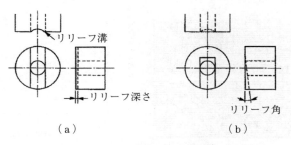

図4.46 リリーフの付け方[57]

心部で亀裂の食い違いを生み，タングの発生要因となる．その対策として，断面中央部でクリアランスが大きくなるよう，図 4.46 のようなリリーフが設けられる[57]．なお，リリーフの深さや形状は，タングの発生状況等に応じて適切に決めなければならない．

4.5.2 高速せん断法

表 4.7 を見てもわかるように，ほとんどの欠陥に対してせん断速度を上げること，すなわち高速せん断法を採用することは効果がある．以下に，高速せん断法について解説する．

〔1〕 **高速せん断法の加工機構**

高速せん断法によると良好な切口面が得られる[58]．一例として球状化焼なましをした直径 30 mm の SCM 418 材に対するせん断速度の違いによる切口面の表面粗さおよび端面変形量の違いを図 4.47 および図 4.48 に示す[59]．せん断速度が速いほど切断精度が改善されることがわかる．切断精度が良い理由についてはいろいろ検討されているが，つぎの考え方に注目したい[60),61]．

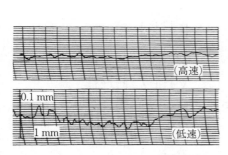

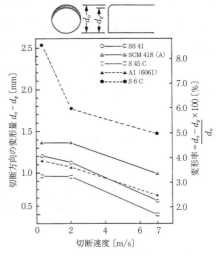

図 4.47 せん断速度による破断面表面粗さの変化[59]（低速：0.2 m/s，高速：7 m/s）

図 4.48 せん断速度による端面変形量の違い[59]

一つは，高速せん断は短時間に行われるので，塑性変形仕事を吸収するせん断領域では局部温度上昇が生じ，これが鋼材の高速せん断の場合には，同領域での青熱脆性化現象をもたらすとの考え方である[62]．これによれば，鋼の高速せん断特有の現象である

（1） 亀裂の方向は切れ刃を結ぶ線に沿っており，切口面のＳ字状うねりは減少する
（2） 破断面粗さが減少する
（3） 高速せん断の効果は鋼材に顕著に現れる
（4） 切口面に焼けた面が現れる

などが説明できる．高速せん断の効果が単に断熱効果によるものと考えた従来の説では，熱伝導性の低いオーステナイト系ステンレス鋼で高速せん断の効果が現れないことが説明できないとされてきたが，このことも本説によれば，オーステナイト系ステンレス鋼には青熱脆性がないことから矛盾なく説明できる．また，上記（4）の表面焼けについては，高速加工によるせん断変形部の断熱的発熱作用と，破断分離後に切口面どうしが拘束状態でこすられることによる摩擦発熱作用が複合して発生するという考察がなされている[63]．いま一つの考え方は，棒材のせん断の場合，オフカット（切り落とされる側の素材）の長さが丸棒の径，または角棒の厚さよりもかなり大きいときにはオフカットの慣性効果により，オフカットの曲がりが防止されるという考え方である．**図4.49**に示すように，オフカットの質量がその重心に集中しているとすると，

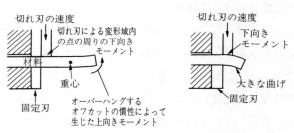

(a) オフカットが長い場合　　(b) オフカットが短い場合

図 4.49 高速せん断におけるオフカット長さの影響[60]

移動刃が棒に衝突したとき棒（オフカット）は重心の周りを反時計方向に回転する．その後，棒は固有振動数をもって振動を開始するが，高速せん断の場合のようにオフカットの分離が，その振動サイクルの最初の半波内で行われるときには（すなわちオフカットが初期水平位置より上方にある間に行われるときには），重心に作用する慣性力がオフカットに対する支持作用を発揮し，オフカットの下向きの曲げ変形を防止し，良好な切断形状をもたらすとの考えである．

このような慣性の効果は速度が大きいほど顕著になり，素材材質にあまり依存しないはずである．このことは，回転刃式せん断試験機を用いた各種板材（角棒の一種と考える）の試験結果によっても実証されている[64]．すなわち，**図4.50**に一例を示すように，高速の効果が出にくいといわれているアルミニウム材でも，せん断速度が増大するにつれて慣性の効果が現れ，カッターによるオフカットの曲げ作用から生ずると考えられる切口面の傾斜角が減少していることがわかる．つまり，棒材の形状精度については，高速せん断はどのような材質に対しても効力を発揮することがわかる．

〔2〕 **高速せん断とクリアランス**

高速せん断ではクリアランスが小さくなっても，低速せん断で問題となるような表4.7のタングまたはかさぶたは生じない．また，クリアランスが多少変化しても，切口面の形状精度はほとんど変化しないことがわかっている[65]．ただし，切口面の表面粗さを小さくしたい場合には，クリアランスをなるべく小さくし[65]，素材の拘束条件を厳しくするとよいこと[66]もわかっている．

〔3〕 **高速せん断における工具寿命**

高速打抜きにおいては，打抜き品の切口面の傾きを小さくするため，小さなクリアランスで打ち抜くと，工具への被加工材の焼付きが激しくなるなど工具寿命が問題となる．一方，棒材の高速のせん断（クロッピング）の場合には，刃の寿命は慣用速度（低速）クロッピングにおけるそれとあまり変わらないことがわかっている[67]．その理由を考えてみると，高速度クロッピングの場合には慣用速度のクロッピングの場合より摩耗が大きい[68]にもかかわらず，切れ刃の丸みが大きくなった工具を使っても，切口面の品質は低速度クロッピング

4.5 棒管材のせん断加工

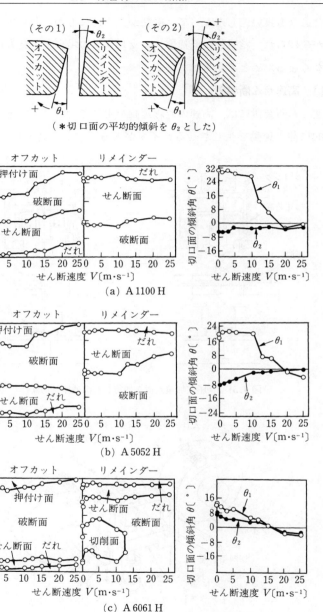

(＊切口面の平均的傾斜を θ_2 とした)

図 4.50 アルミニウム板材のせん断速度と断面形状[64]

の場合よりも良い．したがって，摩耗が大きいにもかかわらず，なおクロッピングが続けられ，結果的に低速度クロッピングの場合と工具寿命は，あまり変わらなくなるためと考えられている．

〔4〕 **高速せん断装置**

高速せん断装置には，高速の直線運動を生じさせるタイプと，回転運動から間接的に往復運動を生じさせるタイプがある．前者の例として，図4.51に示

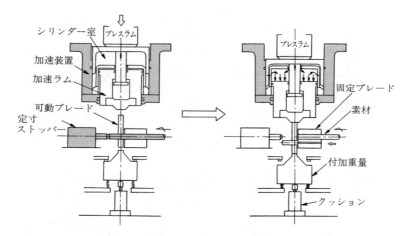

図4.51 空圧式加速装置を使用した高速棒材切断機[69]

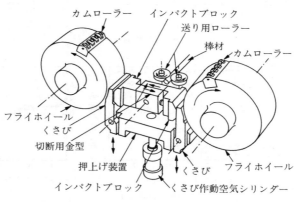

図4.52 棒材の衝撃切断装置原理図[70]

す空圧式の高速切断機では，プレスラムにより空気を圧縮し，その圧縮空気のエネルギーによって加速ラムを高速で下降させて可動ブレードを駆動している[69]．後者の例として，**図4.52**の衝撃切断装置では，高速で回転するフライホイールのカムローラーが周期的にインパクトブロックをたたくことで，そこに連結された切断用金型内で棒材の切断が行われる[70]．

4.5.3 拘束せん断法

前述の高速せん断の効果は鋼材について著しいこともあって，高速せん断はもっぱら鋼棒材の精密せん断法として利用されているといっても過言ではない．高速せん断法のねらいは，主として亀裂の発生を早め，その伝播を制御することで平滑な破断面を得ることにある．これに対して，銅，アルミニウムなどの非鉄金属棒材の精密せん断法として実用化されている拘束せん断法[71]（**図4.53**参照）は加工機構から見ると，板材の精密打抜き法や仕上げ抜き法と同様なものとみなすことができ，実施に当たっての問題点も共通なものが多い．しかし，棒材せん断特有の困難な問題もある．例えば，精密打抜きでは圧縮力を効果的に高める手段として突起の押込みを利用しているが，拘束せん断法では，このような手段は棒材の表面にきずを付けることになるので採用できない．また，切れ刃の丸みも

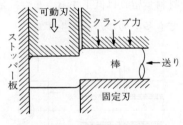

図4.53 拘束せん断法の原理

棒せん断においては，かえり発生を伴うので採用できない．この方法は，理論的には精密打抜きに適用されている延性材ならば実施可能であるが，実用的にニーズの高い鋼に適用することは，残念ながら型への焼付き，摩耗が激しく型寿命が短くなるので困難であるとされている．

4.5.4 管材のせん断法

長尺管のプレス切断法は，大別して突切り型によるものとせん断型によるも

のとに分類することができる[72]（**図 4.54** 参照）．

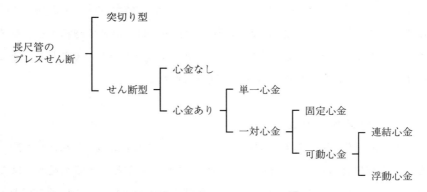

図 4.54　長尺管のプレスせん断法[72]

　突切り型は，**図 4.55**（a）のように管材の外周に沿ったトンネル形の一部を割り，その隙間に薄いV字形突切り刃を入れて突き破りながらせん断加工を行い切断するものである．したがって，V字形の厚さ分だけ切りくずが生じ，材料歩留りは低下する．また，最初の突切り工程のとき，管切断部にはどうしても多少のゆがみが生ずる．

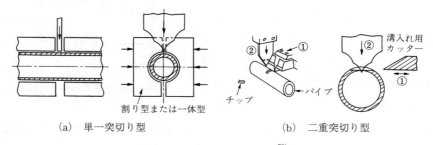

図 4.55　突切り型の原理図[72]

　二重突切り型によるせん断では図 4.55（b）に示すように，第1工程で水平方向に動く鋭い切れ刃でせん断または切削して管材に切れ目を入れ，第2工程でその中にV字突切れ刃を押し込むことにより，このゆがみを減少させている．これら突切り型によるせん断は，比較的薄肉管にしか適用できず，また

二重突切り型においても，最初の突切り部で局部的に多少のゆがみが生じるばかりでなく，底部を突き破るときにかえりが生ずるので，決して精度の高い切断ができる加工法とはいえない．しかし心金を用いないため，送りで心金に引っ掛ける心配もなく，またノックアウト時の問題もない利点があり，切断長さに制約がなく高速の切断が可能である．

せん断型は心金の有無により大別される．心金を用いない型では管材に大きなつぶれが生じやすいので，管径が細い管や，厚肉管の切断に使用されており，ゆがみ部は後加工で除去されている．

心金入りの場合は，ゆがみを防止できるが，型構造がやや複雑となり作業性が劣るのは避けられない．図4.56に示すように，心金入り型は心金の数により単一心金型と一対心金型がある．

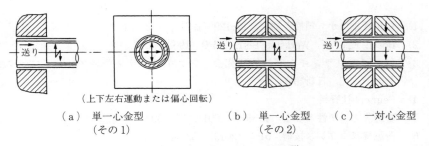

(a) 単一心金型　　　　(b) 単一心金型　　　　(c) 一対心金型
　　 (その1)　　　　　　　　(その2)

図4.56 管材の心金入りせん断型[72]

同図(a)の単一心金型では切断長さの長い管には適さず，また厚肉管にも適さない．さらに，管周を部分的にせん断していくため，多少管のゆがみが生ずるのは避けられない．これに対して，図(b)の単一心金型は，切断される管材は径が縮められる方向に変形されるので，ゆがみは図(a)に比べて少ない．図(c)の一対心金型は，突切り型より一般的ではないが，比較的高精度のせん断が可能であることから，機械部品用の素材せん断法として用いられている．しかし，せん断装置としては心金の固定法が問題であり，連結心金せん断型[73]や浮動心金型[74]の工夫がなされている．最後に，代表的な長尺管材のせん断法の特徴を**表4.8**に整理して示す[72]．いずれのせん断法も万能とはいえ

ないので，重視する特徴に応じて適切な方法を選択して用いる必要がある．

表 4.8 代表的な管材せん断法の特徴[72]

せん断方法	精度			生産性（大量生産）			適用範囲		
	ゆがみ	切口面粗さ	かえり	加工速度	材料歩留り	設備	異形材	厚肉管	長さ限界
突切り型	×	×	×	○	×	○	○	△	○
二重突切り型	△	△	△	○	×	×	○	△	○
連結心金型	○	○	○	○	×	×	×	△	○
浮動心金型	○	○	○	△	○	△	△	○	△

引用・参考文献

1) 中川威雄ほか：塑性と加工，**12**-129（1971），742-751.
2) Bösch, F., et al.：Werkstatt Betr.，**96**-9（1963），607.
3) ファインブランキング技術研究会：ファインブランキングハンドブック，（2010），13，日新印刷.
4) Feintool 社資料.
5) 中野隆志：塑性と加工，**42**-484（2001），388-392.
6) 渕脇健二：プレス技術，**51**-3（2013），33-35.
7) 森孝信：同上，**48**-11（2010），50-54.
8) 森田稔ほか：同上，**2**-6（1961），79-82.
9) Howard, F.：Sheet Met. Indust.，**37**-397（1960），339.
10) 音田一造：National Tech. Report，**5**-4（1959），472-477.
11) 尾硲宏：非削加工，**1**-6（1970），11-16.
12) 前田禎三：プレス技術，**8**-7（1970），3-9.
13) 山田通：マシナリー，**26**-389（1963），956.
14) 村上碩哉ほか：塑性と加工，**50**-577（2009），119-123.
15) 村上碩哉ほか：同上，**55**-638（2014），243-247.
16) 益田森治ほか：日本機械学会論文集，**31**-225（1965），855-863.
17) 前田禎三：塑性加工，（1972），243，誠文堂新光社.
18) Timmerbeil, F. W.：Werkstattstechnik，**47**-7（1957），350-356.
19) 中村虔一ほか：塑性と加工，**4**-29（1963），387-395.

引　用・参　考　文　献　　　129

20) 中川威雄ほか：同上, **10**-104 (1969), 665-671.
21) Stromberger, C., et al.：Werkstatt Betr., **98**-10 (1965), 739-747.
22) Stromberger, C., et al.：*ibid.*, **102**-4 (1969), 225-227.
23) 村川正夫ほか：塑性と加工, **26**-292 (1985), 534-541.
24) 村川正夫ほか：昭和60年度塑性加工春季講演会講演論文集, (1985), 409.
25) 古閑伸裕ほか：軽金属, **50**-1 (2000), 18-22.
26) 村川正夫ほか：塑性と加工, **54**-628 (2013), 431-435.
27) 小室文稔ほか：平成25年度塑性加工春季講演会講演論文集, (2013), 193-194.
28) 近藤一義ほか：日本機械学会論文集, **35**-277 (1969), 1972-1979.
29) 近藤一義：精密機械, **31**-9 (1965), 764-770.
30) 近藤一義ほか：塑性と加工, **12**-129 (1971), 733-741.
31) 近藤一義ほか：日本機械学会論文集, **61**-586 (1995), 2612-2617.
32) 内藤康夫：第139回塑性加工シンポジウムテキスト, (2000), 59.
33) 遠又英祐ほか：塑性と加工, **23**-262 (1982), 1048-1054.
34) 前田禎三：精密機械, **25**-6 (1959), 248-263.
35) 前田禎三：機械の研究, **10**-1 (1958), 140-144.
36) Liebing, H.：Proc. 18th Int. MTDR Conf., (1977), 369-374.
37) 氏原新：プレス技術, **25**-13 (1987), 62-66.
38) 牧野育雄：同上, **13**-5 (1975), 93-98.
39) McShurley, M. D., et al.：カナダ国特許第502, 628号 (1954).
40) 青木勇ほか：塑性と加工, **32**-364 (1991), 621-625.
41) 青木勇ほか：同上, **39**-445 (1998), 131-136.
42) 広田健治ほか：同上, **55**-638 (2014), 238-242.
43) 吉田元昭：プレス技術, **25**-13 (1987), 67.
44) 江嶋瑞男ほか：第39回塑性加工連合講演会講演論文集, (1988), 483.
45) 石川茂ほか：型技術, **6**-8 (1991), 132-133.
46) 生島幸一ほか：塑性と加工, **33**-381 (1992), 1172-1177.
47) 林一雄ほか：同上, **51**-592 (2010), 400-404.
48) 加藤正仁ほか：同上, **55**-638 (2014), 223-227.
49) Aoki, I., et al.：Trans. ASME, J. Manufacturing Science Engineering, 126 (2004), 653-658.
50) 神馬敬ほか：塑性と加工, **28**-315 (1987), 355-362.
51) 神馬敬ほか：同上, **32**-369 (1991), 1280-1285.

52) 山田廣志ほか：同上, **41**-469 (2000), 136-140.
53) 神馬敬ほか：同上, **31**-348 (1990), 60-65.
54) Uchida, S.：SEMI Technology Symposium' 88 Proceedings, (1988), 424.
55) 工藤英明ほか：塑性と加工, **22**-241 (1981), 150-158.
56) 中川威雄ほか：同上, **24**-271 (1983), 830-839.
57) 柳原直人：同上, **35**-396 (1994), 43-48.
58) Mikkers, J. C.：Paper for the Meeting of the CIRP in Nottingham, (1968), 1.
59) 野田治男：鍛造技報, **17**-49 (1992), 1.
60) Organ, A. J., et al.：Int J. Mach. Tool Des. Res, 7 (1967), 369.
61) Das, M. K., et al.：Metall. Met. Form., (1976), 47.
62) 柳原直人ほか：塑性と加工, **23**-252 (1982), 71-78.
63) 村川正夫ほか：同上, **33**-380 (1992), 1063-1068.
64) 村川正夫ほか：第38回塑性加工連合講演会講演論文集, (1987), 321.
65) 村川正夫ほか：昭和63年度塑性加工春季講演会講演論文集, (1988), 317.
66) 村川正夫ほか：第39回塑性加工連合講演会講演論文集, (1988), 475.
67) Lui, S. W., et al.：Trans. ASME, J. Eng. Mater. Technol., 104 (1982), 79.
68) Vingoe, R. C., et al.：8th MTDR, (1967), 1075.
69) 柳原直人ほか：塑性と加工, **22**-242 (1981), 245-249.
70) 中川晃一：機械と工具, 2 (1985), 100.
71) 中川威雄ほか：日本機械学会誌, **79**-614 (1970), 339-346.
72) 中川威雄：塑性と加工, **23**-255 (1982), 307-314.
73) Vulcan Tool 社カタログ.
74) 中川威雄：昭和49年度塑性加工春季講演会講演論文集, (1974), 149-152.

5 特殊材料のせん断加工

5.1 難加工材のせん断加工

　最近では，自動車などの軽量化のための特殊金属材料，複合材料，高分子材料などの新素材もせん断加工の対象となっている．これらの中には，加工条件を適切に選ばなければうまくせん断できない材料，従来技術だけではうまくせん断できない材料，たとえ，せん断できても極端に工具寿命が短いものなど多くの材料がある．本章では，このような特殊材料のせん断特性，問題点，さらにはこれら材料用に開発された精密せん断法などについて紹介する．

　難加工材の特別な定義はないが，ここでは，従来のせん断加工では平滑な切口面が得にくい材料，工具の摩耗が激しく，工具の寿命がきわめて短い材料を指すこととする．一部材料については，3.1節でも触れているため，本章ではそれ以外の難加工材について述べる．

5.1.1 高強度鋼板

　ここでは，強度の高い鋼板を汎用的に「高強度鋼板」と定義する．これらの中でもハイテン材と呼ばれる引張強さ（TS）が1 200 MPa程度までの冷間圧延鋼板は，自動車用部品の製造に広く用いられている．別の高強度化の試みとして，ホットスタンピングが注目されており，現在ではTSが1 800 MPa級までの鋼板の成形が実用化されている[1]．このような鋼板は自動車のフロントバンパーのような骨格・構造部材へ適用されているが，これら以外の一般機能部

品(ワッシャーなど)などへも TS が 1 760 MPa 級(硬さ:50 *HRC* 程度)の高強度鋼板が用いられている.これら高強度鋼板の用途における大きな課題の一つが,穴あけなどのせん断加工である.

例えば,自動車用サスペンションなどの足回りは,打抜き穴や溶接部などを有する部材が一般的であり,高強度鋼板製部材では,応力集中や疲労強度の低下が問題になっている.また,TS が 1 200 MPa 以上の超高強度鋼板(ウルトラハイテン材)が使用されるようになると,疲労の問題のみならず,遅れ破壊についても考慮する必要がある.

〔1〕 **自動車用高強度鋼板のせん断加工**

ハイテン材の確固たる定義はないようであるが,ここでは TS が 590 MPa 以上の鋼板を対象とする.これら高強度鋼板のせん断加工では,軟鋼板などのせん断加工において適正とされるクリアランスよりやや大きなクリアランス(板厚比で 15 % 程度)に設定する対策で,二次せん断面などの発生が防止でき,工具摩耗もこの値より小さなクリアランス条件に比べ大幅に低減できる[2].

さて,精密せん断加工法としては,古くから精密打抜き法(FB)[3]や仕上げ抜き法[4]が知られている.これら加工法は,いずれもパンチやダイ刃先近傍の被加工材内部の静水圧を可能な限り高め,刃先付近からの亀裂発生を防止し,全面せん断面から成る平滑面を得る加工法である.精密打抜きの先駆的研究[3]において,工具クリアランス C がきわめて小さい場合には,速度 V が上昇するにつれてせん断面割合が急上昇するという注目すべき実験結果が示されている.精密打抜きと同一原理を応用している仕上げ抜きにおいても,サーボプレスを用い,TS が 590 MPa 級の SPFH 590(炭素含有量 0.08 mass %,全伸び 19 %,216 *HV*)のハイテン材について V を変えた仕上げ抜き(ダイ刃先丸み半径 $R_d=0.5$ mm,パンチ刃先丸み半径 $R_p=0$ mm)[5]が行われている.この結果によれば,**図 5.1** に示すように,穴側切口面において低速で生じていた破断面が V の増大とともに顕著に減少し,V を 140 mm·s^{-1} まで増加させるだけで抜き落し側と穴側,いずれもほぼ全面平滑な切口面が得られるようになる.

TS が 980 MPa 級のハイテン材(炭素含有量 0.17 mass %,全伸び 14 %,

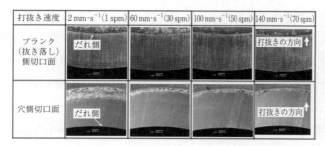

図 5.1 仕上げ抜きにおける打抜き速度の切口面に及ぼす影響
(SPFH 590, $R_d = 0.5$ mm, $t = 3.2$ mm)[5]

304 HV)の打抜きにおける R_d と V の切口面性状に対する効果を**図 5.2**に示す.この場合は板厚 t が 1.4 mm と薄いため C は 1.3% t と FB で採用されるクリアランスより幾分大きい.抜き落し側は V が低速(2 mm·s^{-1})の場合は

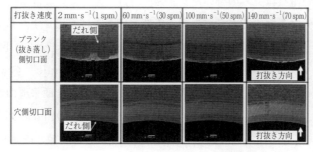

(a) $R_d = 0.5$ mm

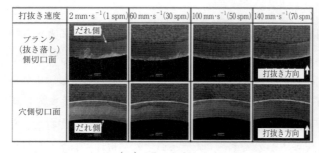

(b) $R_d = 0.2$ mm

図 5.2 仕上げ抜きにおけるダイ刃先丸み半径と打抜き速度の切口面性状に対する効果(SPFC 980, $t = 1.4$ mm)[5]

破断面割合が幾分多いものの,ほぼ平滑面が得られる.これに対し,穴側切口面はSPFH 590の場合とは異なり,だれ側から順に,わずかなせん断面,破断面,二次せん断面,かえりにより構成される.なお,両刃先がシャープエッジの場合(図示せず)は,図5.2(a)とほぼ同様の穴側切口面になるが,図(a)の低速時のような二次せん断面は発生せず,わずかなせん断面と破断面から成る切口面となる.すなわち,$R_p=0$ mm,$R_d=0$ mmの慣用抜きでは,パンチがわずかに被加工材に食い込んで,穴側にわずかなせん断面が形成されると,パンチ刃先付近の応力状態が被加工材の延性破壊を誘起し,生じた亀裂がダイ刃先に向けて成長し,ダイ刃先付近から生じた亀裂と行き違いなく連通し,穴側切口面の破断面が形成される.

これに対してR_dが0.5 mmと大きくなると(図5.2(a)参照),パンチ刃先から生じた亀裂は丸みの付いたダイ刃先付近に生じている静水圧が大きいため,ダイ刃先丸み部下方から発生する亀裂とは素直に連通せず,わずかな二次せん断面と一次破断面とから成る切口面が形成される.しかし,図5.2(b)に示すように,$R_d=0.2$ mmの穴側切口面は,$V=140$ mm・s^{-1}のような高速では,二次せん断面と一次せん断面が合流したような,全面平滑面が得られるようになる.また,刃先に丸みを設けたパンチと,$R_d=0$ mmのダイを用いる仕上げ穴抜き(**図5.3**参照)においても,仕上げ抜きと同様,Vが140 mm・s^{-1}と大きく,適正なR_p(=0.2 mm)を選定することにより,全面平滑な切口面が得られるようになる.

高強度鋼板のせん断において,全面平滑な切口面を得るという観点のみからは,Vを大きくし,適度なパンチまたはダイ刃先丸み半径を選定すれば,良好な打抜き品および穴抜き品を得ることができる.しかし,これら打抜きや穴抜きにより得られた製品の寸法精度は,**図5.4**に示す抜き落し品の直径からもわかるように,打抜き時の湾曲がスプリングバックして打抜き品外径がダイ穴径よりも大きくなる.また,穴についても,板押えおよび材料自体の拘束により,パンチ直径より大きくなる.

このような寸法精度の向上方法として,プレスシェービング(PS)がある.

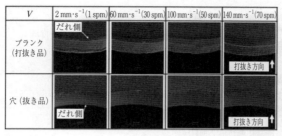

(a) $R_p = 0.2$ mm

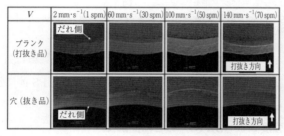

(b) $R_p = 0.5$ mm

図 5.3 仕上げ穴抜きにおけるパンチ刃先丸み半径と打抜き速度の切口面に及ぼす影響（SPFC 980, $t = 1.4$ mm）[5]

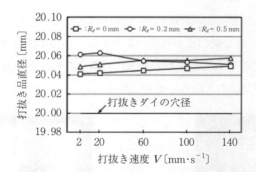

図 5.4 抜き落し品の直径と打抜き速度の関係（SPFC 980, $t = 1.4$ mm）[5]

図 5.5 に PS 前のブランク（抜き落し品）と穴側の切口面，および PS 後の切口面を示す．図 5.6 には PS により得られたブランクの直径を示す．ブランクはほぼ全面が平滑な切口面となり，穴側も切口面の 90% 程度が平滑面となっ

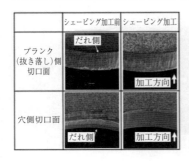
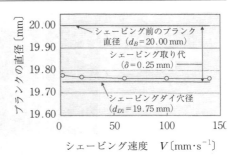

図5.5 打抜き（シェービング前）切口面とシェービング後の切口面（SPFC 980，$t=1.4$ mm）[5]

図5.6 シェービングしたブランクの直径（SPFC 980，$t=1.4$ mm）[5]

ている．また，ブランクの直径はシェービングダイ穴径にほぼ近い値になっており，寸法精度の改善が認められる．また，だれ発生もPS前に比べ，約20%の低減が認められる．

〔2〕 超高強度鋼板（SK 85）のせん断加工

一般機能部品で使用される超高強度鋼板（例えばワッシャー材としてよく用いられるSK 85のような鋼板を熱処理することにより得られる高強度鋼板）を対象とした，PSの例を紹介する[6]〜[8]．

このような被削性の悪い鋼板のPSにおいては，より小さな取り代（δ）を設定しなければ平滑な切口面が得難いことから，全面平滑な切口面を得るには複数回のPSが必要になる．すなわち，このような被削性の悪い超高強度鋼板のPSでは，δの制御がきわめて重要になる．

0.0 mm
（素材）

（a） 穴抜き品の切口面

0.08 mm
2工程目

（b） 2工程シェービング後の切口面

図5.7 厚板穴抜き品（シェービング前）切口面とシェービング後の切口面（SK 85，55 *HRC*，$t=4$ mm）[7]

図5.7にt=4 mm, 55 HRCの超高強度鋼板を2工程のPSで穴あけ加工した切口面の例を示す．このような小さな取り代をそれぞれの工程で正確に設定できれば，超高強度鋼板においても平滑な切口面を得ることができる．

〔3〕 **高強度鋼板せん断加工において直面する課題**

超高強度鋼板の使用に際して直面する課題に，水素脆性による破壊（遅れ破壊）と疲労破壊強度の低下がある．これら課題について以下に概説する．なお，ホットスタンピングによる穴あけやトリミングにおける課題については文献9）を参照されたい．

（a） **水素脆性割れ（遅れ破壊）** 原子状水素（H）が金属内のミクロなボイドの中で分子状水素（H_2）となり，内部圧力を高めて破壊を引き起こす現象を水素脆性割れと呼び，水素発生から水素の拡散による割れに至るまで「遅れ」（この時間間隔は1年以上の場合もある）を生じることから，遅れ破壊とも呼ばれる．この問題は1960年代に発生した橋梁の高力ボルトの水素脆性割れ事故以来，問題視されるようになった[10]．

水素の鉄鋼中への侵入は，鉄鋼が大気中の水分と酸素の存在により腐食するところから始まる．この腐食の作用でボイド内には，水素発生型腐食を生じてH_2が発生する．その後の水素脆性割れ発生に至る過程を**図5.8**に模式的に示す．

H_2は系外に出ていくが，一部は図中のようなボイド（欠陥）中でH_2として次第に圧力を高める．その結果，金属の延性を低下させ，破壊をもたらす．水素脆性割れ（遅れ破壊）は酸性の大気環境下で発生するほか，鉄鋼の酸洗いや

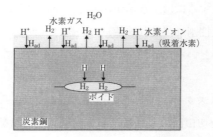

図5.8 水素の拡散と水素脆性割れの機構模式図[11]

めっきのための酸洗いによっても発生する．以下に水素脆性破壊の特徴[12]を示す．

（1）　引張残留応力の箇所で発生し，圧縮残留応力の箇所では発生しない．

（2）　破壊はノッチのある箇所に応力が集中している箇所で起こりやすい．

（3）　破壊を起こす鋼中の水素は，鋼中を移動することができる拡散性のHで，かつボイド部に集積する水素であり，鋼中の全体の水素吸蔵量と，水素脆性破壊の危険度は必ずしも一致しない．

（4）　鉄鋼材料の水素脆性感受性は，主として材料強度に依存し，合金元素にはあまり左右されず，鋼材の硬度が高く（40 HRC 以上），引張強さが大きい，いわゆる高張力鋼や高強度鋼の破壊事故例が多い．

（5）　割れの形態は，粒界または粒内割れであるが，これは吸蔵された水素が結晶粒界に集まり，粒界における金属原子間の結合力が弱くなるためである．

（6）　水素脆性による遅れ破壊は，衝撃のようにひずみ速度の速い場合には現れにくい．例えば，飛行機のランディングギヤは，着陸時の衝撃で折れることはなく，静止時や走行中に破壊が起こることが多い．

（7）　鉄鋼材料の組織が熱力学的に安定しているほど水素脆性に対して鈍感である．

（8）　水素脆性割れは温度の影響を受けやすく，$-10 \sim 120$℃で割れが発生しやすい．

（9）　破壊が発生するには，水素が拡散し，集積するまでの時間を要する．

このように水素脆性割れ（遅れ破壊）の問題はメカニズムが複雑であり，こうすれば防止できるといった単純な解決策は，いまのところ見いだされていない．

表5.1に，ケーススタディーとして前述のプレスシェービングを含む各種方法により得られた切口面の遅れ破壊調査試験（浸漬試験）の結果を示す[13]．なお，浸漬条件は希塩酸（pH 1，30℃）に100時間である．これらの結果から，穴抜き（せん断）加工により得られた切口面である試片①（55 HRC）に

表5.1 遅れ破壊調査試験結果[13]

加工形態	板厚 t [mm]	切口面の作成条件	硬度 (HRC)	破壊の有無	残留応力 [MPa]	試片番号
丸穴抜き	2	せん断加工のまま	55	×	824	①
	2	せん断加工後2回のPS	55	○	−502(圧縮)	②
	3	せん断加工後2回のPS	55	○	−349(圧縮)	③
	4		55	○	7.46	④
直線カット	2	ファインカッター切断	55	○	41.1	⑤
	6	ワイヤーカット後にバフ研磨	55	○	41.1	⑥
	6	⑥を研削加工	55	○	−513(圧縮)	⑦
	6	オフカット($L=12$ mm)切断後に3回PS	55	○	−727(圧縮)	⑧
	6	オフカット($L=3$ mm)切断のまま	55	×	364	⑨
	6	オフカット($L=3$ mm)切断のまま	35	○	−153(圧縮)	⑩
	6	オフカット($L=3$ mm)切断のまま	45	○	130	⑪

は大きな引張残留応力が生じており,遅れ破壊による亀裂の発生が認められる.

これに対し,片持梁式せん断により得られた試片⑩,⑪,および硬さが55 HRC の試料のうち,残留応力が圧縮や小さな引張りの場合は遅れ破壊が発生していない.このことから,高強度鋼板のせん断加工において遅れ破壊の発生防止には,大きな引張残留応力が発生しないような切口面を得ることが有効であることが理解できる.

(b) 疲労強度 高強度鋼板を使用する自動車足回り部品においては,溶接部,打抜き穴,シヤー切断面などにおいて疲労強度の低下が懸念され,特に応力集中などによって疲労強度の低下が問題になることが多い.特に,せん断加工により得られた穴部の疲労強度は母材に比較して低下するといわれている[14),15)].この支配的要因の一つは,穴抜きされた切口面の表面粗さであることが明らかにされている[16)].また,材料組織にパーライトや粗大炭化物が存在すると,これらがボイドの発生起点となって打抜き端面の粗さを増大させるので,打抜き端面の疲労強度の改善には,これらの成長を抑制する必要があるともいわれている.この対処策として,コイニング[17)~19)]や,有害な引張残留応力を熱処理で低減させる方法[20)]が提案されている.

5.1.2 マグネシウム合金板

マグネシウムは実用金属中で最も密度が低く,放熱性に優れるなどの特性を有することから,自動車部品や電子機器の筐体などに用いられている.AZ 31やAZ 91などのマグネシウム合金板は耐食性が劣るため,穴抜きなどのせん断加工は無潤滑で行われる場合が多い.このため,被加工材の工具への凝着が問題となる場合が多い.また,加工時には針状や粉状のせん断くずが発生するため,生産においては,火災発生防止などの観点から,これらくずが金型内に堆積しないような工夫や,金型近傍に湿式の集塵機を設置するなどの対策が必要である[21].

〔1〕 **せん断特性**[20),21)]

マグネシウム合金のせん断抵抗は,同材の引張強さの50%程度であり,一般の鋼材などの同比率(約80%)に比べ小さい.また,**図5.9**に示すクラック発生成長の観察結果からもわかるように,比較的少ない工具食込み時点でパンチとダイの両工具の刃先近傍からクラックが発生し,方向を細かく変化させながら成長し,最終的に会合し,材料分離に至る.このため,クラックの連通

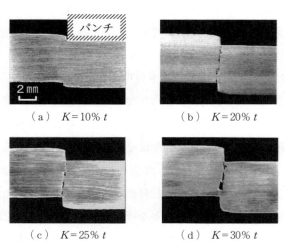

(a) $K=10\% t$ (b) $K=20\% t$

(c) $K=25\% t$ (d) $K=30\% t$

K:板厚 t に対する工具の食込み比率

図 5.9 マグネシウム合金のせん断過程(AZ 31,$t=5$ mm)

がなされた後も,パンチの下降により切口面どうし,または切口面と工具がこすれ合いながら,または削られながら加工が進行し,せん断が終了する.

〔2〕 切 口 面[21),22)]

慣用のせん断加工により得られる切口面は,上記クラックの発生時期や成長の様子からわかるように,切口面に占める破断面の割合が多く,この破断面の凹凸は一般の金属材料の切口面に比べ大きなものとなる.各種クリアランス C で打ち抜かれた AZ 31 マグネシウム合金打抜き品の切口面を**図 5.10** に,切口面近傍の横断面形状を**図 5.11** にそれぞれ示す.C が 15% 以上に大きくなると,切口面内に大きな段差が発生する.また C が小さくなるに従い,光沢面の切口面に占める割合が多くなる.この光沢面は,鋼板などの切口面に生成される

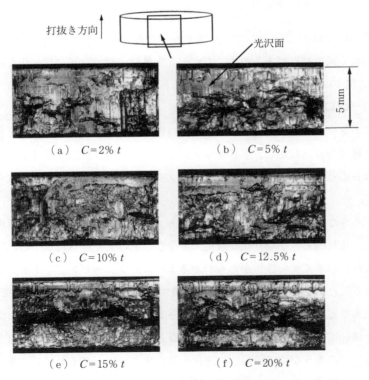

(a) $C=2\% \, t$
(b) $C=5\% \, t$
(c) $C=10\% \, t$
(d) $C=12.5\% \, t$
(e) $C=15\% \, t$
(f) $C=20\% \, t$

図 5.10 マグネシウム合金打抜き品の切口面(AZ 31, $t=5$ mm)

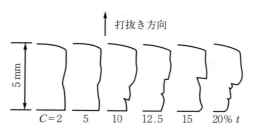

図5.11 マグネシウム合金打抜き品の切口面近傍の横断面形状（AZ 31, $t=5$ mm）

せん断面とは異なり，光沢面内の一部に破断面が存在すること，さらには前述したように，材料分離後に切口面どうしがこすれ合ったり，工具により切口面の一部が削られることから，これらにより生成されたバニシ面または切削面と判断できる．

なお，いずれの C においても，工具食込みが比較的少ない段階で材料分離が行われる脆性材料であるため，だれの発生量は一般の金属に比べ少ない．特に，AZ 91 の場合は板厚に対して 3～5% ときわめて小さい．

〔3〕 **切口面の改善**

マグネシウム合金は，慣用のせん断では凹凸の少ない平滑な切口面を得ることが困難である．しかし，ドリルやエンドミルによる切削加工では平滑な面が得られることに着目し，プレスシェービングによる切口面の改善が試みられている[22]．

マグネシウム合金は，**図 5.12**（a）に示すように，板厚が 5 mm の厚板においても，比較的大きな取り代 δ 設定で平滑な仕上げ面が得られる．これは，同図（b）に示すくずの性状からもわかるように，シェービングくずが針状に分断されることにより，加工中にくずが堆積することなく排出されるためである．

打抜きなどのせん断加工と同様にシェービングにおいても，加工回数が増加すると被加工材の工具への凝着が顕著となり，シェービング面の表面粗さが悪化する．このような切口面精度の悪化を防止するには，ダイヤモンドライクンカーボン（DLC）コーテッド工具の利用が有効であることが明らかにされてい

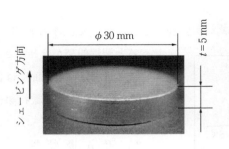 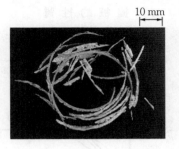

(a) シェービングにより得た円形ブランク　　　（b）シェービングくず

図 5.12 シェービングしたブランクとシェービングくず
（AZ 31, t = 5 mm）

る[23]．

5.1.3　アモルファス合金箔 [24)〜26)]

アモルファス合金は結晶構造を持たない非晶質金属で，毎秒100万℃程度の急速冷却によって製造される．その製造技術上，板厚は 10〜100 μm で実際には 30 μm 程度の物が多い．また，成分的には Fe, Ni, Co のような磁性金属元素に対して，B, Si, C, P のようなガラス化元素 15〜30％含むものが使われる．種類は多岐にわたるが，その中で磁性合金は優れた電気的特性のため，各種トランスや磁気ヘッド材料，コイル材として実用に供されている．

この材料は**表 5.2** の例が示すように，非常に薄いことと硬いことが特徴である．これはせん断加工から見ると，僅小クリアランスの必要性と工具寿命の問題が指摘できる．

表 5.2　アモルファス合金箔の特性例（カタログデータ）

品名	組成〔at％〕	板厚〔μm〕	引張強さ〔$N \cdot mm^{-2}$〕	硬さ（HV）	結晶化温度〔℃〕
2826 MB	Fe 40, Ni 38, Mo 4, B 18	40	1 410	1 050	410
2605 SC	Fe 81, B 13.5, Si 3.5, C 2	30	710	1 030	480
2605 C0	Fe 67, Co 18, B 14, Si 1	25	1 530	1 000	430

〔注〕　試料：アライドケミカル社 Metglas

〔1〕 機 械 的 性 質

この材料は図 5.13 に示すように高い引張強さを示すが,炭素鋼(SK 7)と比べると塑性伸びがほとんどない.また,引張破断面には図 5.14 に示す特徴的な脈状組織が見られる.

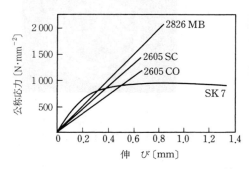

図 5.13 アモルファス合金の伸び-応力線図[24]

〔2〕 せ ん 断 特 性

通常の方法でせん断した場合に生じる製品の欠陥は図 5.15 のように(a)巨大かえり,(b)輪郭部の欠落,(c)亀裂,(d)分断不良にまとめられる[24].これらはいずれも材料が極端に薄いため,絶対値としてはかなり小さく設定したクリアランスや刃先丸みが相対的に過大になり生じたものである.図 5.16 は設定上,刃先丸みを 0 として行った平行複刃せん断における切口面である.比較のため炭素鋼(SK 7)も示してある.これより,アモルファス合金でも通常の材料と同様にせん断クリアランスを板厚の 10% 程度以下とすれば,比較的良好な切口面が得られることがわかる.クリアランスが過大になると,脈状模様が生じる.またクリアランスと刃先丸みが大きくなると,図 5.17 に示すようにだれ部の変形模様と,破断面の

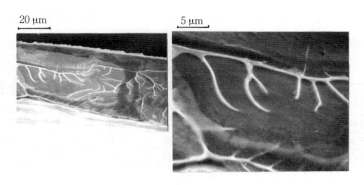

図 5.14 引張破断面に生じる脈状組織[24] (2826 MB)

5.1 難加工材のせん断加工

(a) 巨大かえり (SEM)

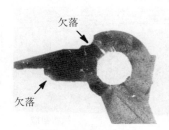

(b) 輪郭部の欠落

(c) 亀裂 (SEM)

(d) 分断不良

図 5.15 アモルファス合金箔の打抜き欠陥例 [24]

クリアランス	0	4 μm	10 μm
炭素鋼 (SK 7)			
2826 MB			
2605 SC			
2605 CO			

図 5.16 切口面性状に及ぼすクリアランスの影響 [24]

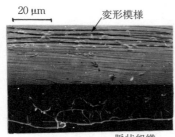

図 5.17 明瞭に観察される変形模様と破断面の脈状組織[24]（材料：2826 MB，クリアランス 10 μm，パンチ切れ刃丸み半径 20 μm）

脈状組織が著しくなる．このように，アモルファス合金のせん断では，一般的には，変形模様を伴うだれ，平滑なせん断面，脈状組織を伴う破断面およびかえりから構成され，クリアランスが 10% 以下であればほぼ平滑なせん断面となる．

〔3〕 **工 具 の 摩 耗**

アモルファス合金のせん断加工では工具の摩耗が著しい．通常の熱処理した合金工具鋼では，わずかなせん断回数で**図 5.18**（a）のように刃先が変形する[25]．これはアモルファス合金が，工具より硬いため刃先が塑性変形するためである．超硬合金を用いれば塑性変形は避けられるが，同図（b）のように摩耗は少なくない．さらに硬いセラミックスを用いると工具自体の摩耗はきわめて小さくなるが型製作の問題がある．

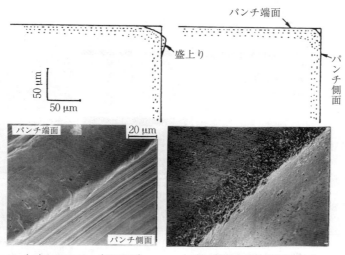

(a) SKD 11 （HV 840）　　(b) 超硬合金 （HV 1 400）

図 5.18 アモルファス合金（2826 MB）1 000 回せん断実験後のパンチ刃先形状と外観写真（SEM）[25]

5.1 難加工材のせん断加工

[4] 問題点

きわめて薄いために，僅小クリアランスを設定する必要があり，これは工具製作の難しさにつながる．また，硬いため，工具摩耗が激しく，工具材料の選定が難しい．セラミックスは耐摩耗性が良好であるが[26]，現段階では高精度で面粗さが小さい複雑輪郭工具の製作技術は確立していない．

5.1.4 セラミックグリーンシート[27],[28]

グリーンシートは焼結前のセラミック材料で，硬くてもろいセラミック粒子とこれをつなぐ柔らかい有機物から成る．電子回路用基板などの部品材料として用いられている．その利用上，特に板厚と同程度の直径の穴あけ加工が多い．

[1] せん断特性

図5.19に打抜き穴内面性状に及ぼすクリアランスの影響を示す．3〜11%程度のクリアランスでいわゆるタングの発生が認められる．これは脱落しやすいので一種の不良である．図5.20は，多数個の穴あけ時に見られるシートの波打った変形である．この変形は成分調整，または有機結合剤の重合度の調節

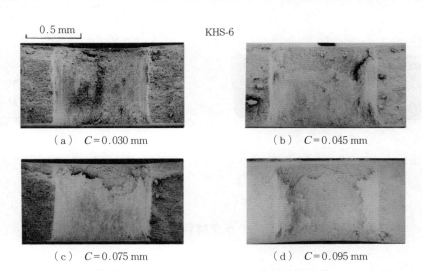

図5.19　打抜き穴内面性状[27]（板厚0.88 mm，C：クリアランス，結合剤/可塑剤：2.20）

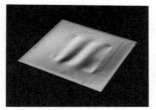 

(a) ピッチ 0.4 mm, 打抜き数約 80 000 回　　(b) ピッチ 0.75 mm, 打抜き数約 23 000 回

図 5.20 打抜き後のシートの変形[27]（板厚 0.26 mm, 結合剤/可塑剤：1.60）

で機械的性質を変えると低減できる.

〔2〕 工 具 の 摩 耗

アルミナは一種の研磨材であり，これをせん断するのであるから，当然工具の摩耗が激しいと予想される．**図 5.21** に打抜き数に伴うパンチ先端の摩耗状況を示す．この場合，工具材の選定が重要である．**図 5.22** に示すように，超硬では Co が少ない，つまり硬い材料が好ましく，粒子の微細なほうが耐摩耗性に優れる.

 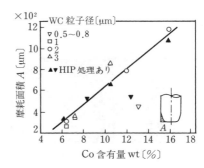

(a) 初期　(b) 10 万回　(c) 20 万回　(d) 30 万回

図 5.21 パンチ先端の摩耗状況例[28]（WC 粒子径 1 μm, Co 含有量 7.2 wt%）

図 5.22 摩耗面積と Co 含有量の関係（10 万回打抜き後）[28]

5.2　プラスチック材料のせん断加工

プラスチック材料の年間生産量は，今日すでに容積で鉄鋼材料をしのいでお

り,重要な工業材料としての地位を築いている.その優れた成形性は,成形後の二次加工がほとんど不要である特徴を有しているが,押出し成形によるシート,プレート,パイプのせん断・穴あけから,熱成形品のトリミング,射出成形品のゲート切断に至るまで,せん断加工は切削加工と並んで最小限の二次加工法として重要な役割を担っている.特に複合材料では,繊維などの充填による高強度材料ほど逆に成形性が劣化して積層板状化しているため,量産技術のプレスせん断加工に対する期待はいっそう増大している.以下では,こうした汎用熱可塑性プラスチックおよびプラスチック複合材料板材のせん断加工に加え,近年軽量化と制振性付与を目的に用途の広がった樹脂複合鋼板のせん断加工について概説する.

5.2.1 熱可塑性プラスチック

〔1〕 慣用せん断過程

熱可塑性プラスチックは線状高分子の集合体であるため,塑性変形能を有する.しかし,金属材料と相違して加工硬化現象を持たなく低剛性のため,材料変形が広範となり,そのせん断分離過程は金属材料のそれと若干様相を異にする.室温で比較的低速のプレスによる慣用せん断を行った場合には,そのせん断分離過程とせん断加工は大別して**図5.23**,**図5.24**のように3種類に類型化できる[29]).

図5.24(a)は,おもに破断伸びの大きな結晶性プラスチックのせん断過

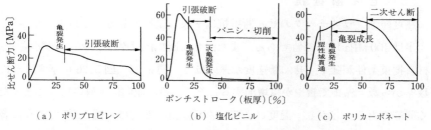

(a) ポリプロピレン　　(b) 塩化ビニル　　(c) ポリカーボネート

図5.23 熱可塑性プラスチック材料のせん断線図[29](クリアランス5%,材料支持,打抜き直径10 mm,室温24℃)

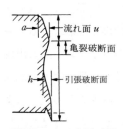
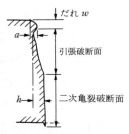
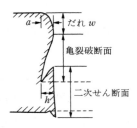

(a) ポリプロピレン　　　　(b) 塩化ビニル　　　　(c) ポリカーボネート

図 5.24 熱可塑性プラスチック材料のせん断分離形態と切口形状 [29]
(クリアランス 5％，材料支持，打抜き直径 32 mm，室温 24℃)

程に対応し，クリアランス部分の材料が薄膜状に引きちぎられた，プラスチックに特徴的な引張破断面を形成している．図 (b) は，おもに硬質脆性材の非晶性プラスチックに，また図 (c) は，降伏応力と破断伸びの大きい高靭性材料のせん断過程にそれぞれ対応すると考えられる．そのせん断線図にも示されるとおり，前者は金属の一般的せん断過程に，また後者は，二次せん断を伴う金属のせん断過程に類似している．ただし，いずれの場合にも材料の加工硬化がないため大きなだれが生成される．これらの分離形態は，せん断速度，材料温度の変化により同一材料の中でも遷移することが知られるが，せん断線図の形からその分離形態をある程度まで類推することも可能である [30]．

〔2〕 **せ ん 断 抵 抗**

熱可塑性プラスチックのせん断抵抗は一般に金属の数分の 1 以下と小さく，大半は 100 MPa 以下の値である．また，せん断抵抗はクリアランスが小さく，材料拘束条件が強く，せん断速度が速いほど，**図 5.25**，**図 5.26** に示すように数％から数十％まで緩やかに増加する．その一般的傾向は金属の場合とまったく同等である．しかし，温度によるせん断抵抗の変化は，**図 5.27** のように著しく大きい．図 5.26 と図 5.27 を比較すると，せん断速度の増加を温度の低下に対応付けることができる．実際に両者の間には，高分子材料の動的粘弾性特

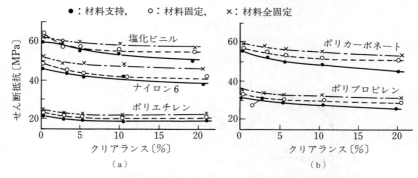

図 5.25 せん断抵抗とクリアランスの関係[29]（打抜き直径 32 mm）

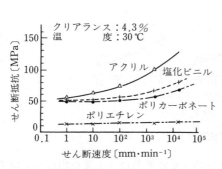

図 5.26 せん断速度によるせん断抵抗の変化[31]

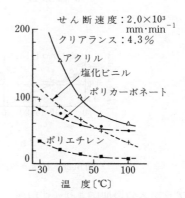

図 5.27 温度によるせん断抵抗の変化[31]

性に示される換算則（WLF 式）と同等の移動因子 a_T による温度−速度換算則の成立が確かめられている[30]．せん断抵抗の高い温度依存性は，金属に比べて 2 桁低い熱伝導率と相まって，熱可塑性プラスチック材料のせん断過程における高い速度効果を裏付けている．

〔3〕 寸法精度と切口形状

図 5.28 は室温での円形打抜きにおける寸法精度と切口形状変化を示す[29]．プラスチックの弾性率は一般に金属のそれを 2 桁下回るため，それによる加工後の大きな弾性回復量が，金属に比べ 1 桁低い寸法精度に反映している．クリ

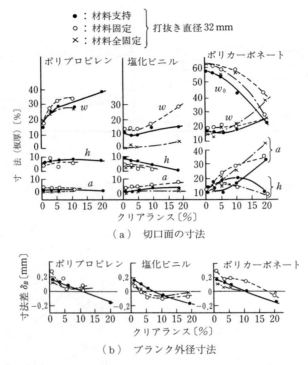

図 5.28 打抜き製品の寸法精度と切口形状変化[29]

アランスの増加により，切口面のだれ量増大が顕著となり，また相反して側方力の低下による弾性回復量の減少を伴うため，外径寸法は減少する．その結果，ブランク最大外径とダイ穴径との寸法差は徐々に小さくなっている．両者の寸法差は5〜10%近傍でほぼ等しい．一般に，切口形状の向上にはクリアランスをできる限り小さくし，板押え，逆押えを付与して材料の拘束条件を高めることが有効であるが，ブランク外径寸法のばらつきを低減するための最適クリアランスは前述の5〜10%にあり，両者は相反する．したがって，製品用途に応じたクリアランスの選定が必要となる．切口形状はまた，せん断速度と温度に依存し，一般に**図 5.29**のように高速・低温ほど変形が集中して平滑切口面が得られやすい[30]．ただし，その効果は必ずしも一律ではなく，なかにはポリカーボネートのようにほとんど効果のない材料もある[32]．

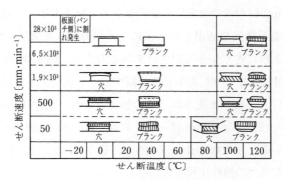

図5.29 塩化ビニルの切口性状に及ぼす温度・速度の影響[30]

〔4〕 切口形状の改善

表5.3に，切口形状改善方法と効果を一覧として掲げる．塑性変形能を有する熱可塑性プラスチックに対して，金属材料における従来の各種精密せん断

表5.3 熱可塑性プラスチックのせん断切口形状改善方法と効果

加工法		切口改善の方法と効果	適用報告例	文献
ナイフ刃による突切り		紙，布，皮革などの切断に供されるナイフ刃状工具による押込み切断	PC，ABS，PP，PA，PVC	33），34)
			ABS，PC（棒・管材）	34），35)
精密せん断の手法	シェービング	切口面の不良部分を切削機構にて除去	PVC，PE，PC（段付き工具）	36)
	高速せん断	樹脂の高い速度効果を利用，変形域を集中させ切口面を平滑化	PP，PE，PVC，ABS，PC（5m/s）	32)
	仕上げ抜き 精密打抜き	工具刃先のR付与や材料拘束条件を高め，割れを抑制して全面せん断面の平滑切口を実現	ABS	33)
振動せん断の手法	振動仕上げ抜き	振動対向工具を用いてせん断領域の局所的熱軟化を図り，無理のないせん断分離と切口面への工具側面性状転写を達成	PVC，PA，PP，POM，PTFE，FR-PBT ほか24種（30〜50Hz）	37)
			アクリル，PC，ABS	38)
	振動ナイフ刃切断	振動付与による工具，材料間固体摩擦減少効果を活用した変形，たわみの低減	ポリエチレンフォーム，ポリスチレンフォーム／（パイプ，50〜60Hz）	39)

〔注〕 PC：ポリカーボネート，PP：ポリプロピレン，PA：ナイロン，PVC：塩化ビニル，
PE：ポリエチレン，POM：ポリアセタール

法は，いずれも切口形状の改善に直接的な効果を発揮する．一方，プラスチック固有の低い変形抵抗を活用した方法にナイフ刃による突切りがある[33)～35)]．これは紙，皮革類に古くから適用されている方法で，図5.30のようなナイフ状工具を，素材にシャープに押し込み分断する．下敷とナイフ刃先端の損傷を防ぐために溝付き下敷が工夫され，その加工精度は，直径30 mmの円形ブランクに対して寸法差（＝製品外径－ダイ穴径）が±10～90 μmという高精度を可能としている．また振動仕上げ抜きは，図5.31のように同一領域の繰返しせん断による局所的熱軟化現象を利用した方法で，プラスチックの低い熱伝導率と熱軟化点を積極的に活用している[37)]．せん断分離過程で熱軟化切口面に工具寸法と側面性状を転写するため，高精度と平滑仕上げ面が得られ，アクリル，複合材料をはじめ適用材料範囲が広いことも特徴である．この方法は特殊な方法にもかかわらず実用化され[40)]，射出成形の型内ゲート切断への適用も進められている[41)]．

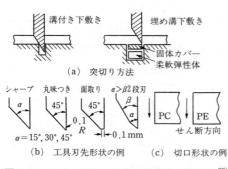

図5.30　ナイフ刃による突切り方法と適用例 [33)]

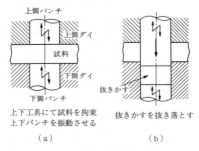

図5.31　振動仕上げ抜きの加工手順 [37)]

5.2.2　プラスチック複合材料

〔1〕　複合材料の難加工性

プラスチック複合材料は，マトリックス樹脂の種類および充填材（強化材）の種類と形態，充填量の組合せによりさまざまな材料特性を表す．マトリックス樹脂は熱可塑性樹脂と熱硬化性樹脂に大別され，特に後者は三次元架橋構造

5.2 プラスチック材料のせん断加工

を有するため,その複合材料も本質的に塑性変形能を持たない脆性材料となる.また強化材も,その形態が短繊維から長繊維,連続長繊維,クロスとなるにつれて,さらには成形過程が流動を伴う成形から積層成形となるに従い,配向に起因した強度異方性はきわめて顕著となる.そのため樹脂と強化材との強度差が大きければ大きいほど,複合材料のプレスせん断の適用性がいっそう困難となることは容易に理解される.

〔2〕 フェノール樹指積層板のせん断加工

フェノール樹脂積層板は,民生電子機器プリント配線板用に広く普及されている.紙基材のためにせん断特性は比較的安定しており,その穴・外形加工の加熱打抜きについては早くから組織的・系統的な研究が行われてきた[42].図5.32に一般的なせん断過程とせん断切口形状を,また図5.33に代表的なせん断抵抗と引抜き抵抗測定例を示す.パンチ押込みに伴う弾性変形過程で,切れ刃近傍からせん断応力に沿うすべり破壊としての無数の一次割れが生成し,これらはたがいに連結して,一次割れの直交方向に二次割れを形成する.こうして板厚の 15～25% のパンチ行程間にせん断分離は完了し,せん断荷重は急激に低下する.この二次割れ方向はせん断線と一致しないため,続く工程では工具刃先により破断面の凸部が切削・平滑化される.こうして切口形状は,切削により生成された平滑なせん断面 a,小さなだれ b,および二次割れの破断面 c との三つの領域から構成される[43].

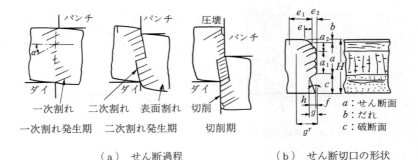

(a) せん断過程   (b) せん断切口の形状

図 5.32 フェノール樹脂積層板の一般的なせん断過程とせん断切口の形状 [43]

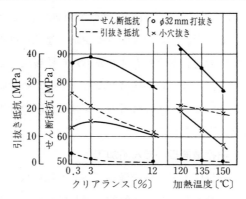

図 5.33 フェノール樹脂積層板のせん断抵抗と引抜き抵抗測定例[44]

　せん断過程はまた，穴直径によって大きく遷移する．すなわち，穴径が小さくなると，材料拘束条件の変化のため**図 5.34**に例示するようにせん断応力成分が非対称となり，特に，パンチ工具刃先近傍から抜きかす側に向かうせん断応力が大きくなる[45]．この応力分布から割れはいずれも抜きかす側に成長するため，続くパンチ押込み工程では切口面全域が切削工程による平滑せん断面に仕上げられ，**図 5.35**の切口形状が得られると考えられる．特に，アスペクト比（＝板厚／穴径）が 1.8 以上になると，パンチ下材料が円錐状に割れてパンチと一体となったデッドマテリアルを形成するため，その後はくさび状パンチ

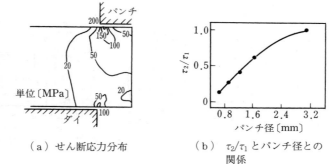

　　（a）せん断応力分布　　　　（b）τ_2/τ_1 とパンチ径との関係

図 5.34 FEMによる応力解析[45]（τ_1：パンチ側エッジ部の応力，τ_2：ダイ側エッジ部の応力）

5.2 プラスチック材料のせん断加工

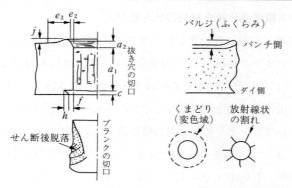

(a) 切口の形状[38]　　(b) 表面に生じる各種欠陥[37]

図5.35 穴抜きの切口形状および各種表面欠陥

の押込みに近いせん断過程となることも報告されている[46]．こうした小穴抜きでは，加工初期のパンチ押込みと加工後のパンチ引抜き力により，加熱などで材料変形能がある場合には穴入り口のバルジ（ふくらみ）を，また材料変形能がない場合には表層部の割れ，内層剥離（くまどり）の欠陥が発生しやすくなる．その程度は，**図5.36**のようにクリアランスと穴径が小さいほど顕著になることが知られている[47]．紙フェノール積層板では，打抜き時の割れを抑制し，せん断抵抗や引抜き抵抗が低減するため，これまで一般に加熱せん断が用いられてきたが，一方で寸法精度向上と工程合理化のために室温打抜き用積層板の開発と実用化も進められてきている[46]．

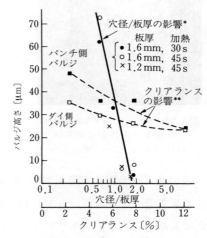

図5.36 バルジ高さに及ぼすクリアランスと穴の大きさの影響[47]

〔3〕 ガラス繊維強化複合材料のせん断加工

　強化材と樹脂との強度差が著しいガラス繊維強化複合材料 (GFRP) は，せん断領域内でのガラス繊維 (GF) の完全なせん断分離に本質的な無理があり，図 5.37 のように切口部には未せん断のまま繊維が突き出す一方，内層部には繊維の抜けや繊維と樹脂との剥離などの欠陥が広範に残留する．その程度は繊維含有率が多いほど，また板厚方向の積層構造が顕著なほど大きくなる．せん断抵抗は，チョップドストランドマットとロービングクロスを組み合わせた SMC 板での 60〜100 MPa (GF 含有率 30〜50 wt%) から，フィラメントワインディングによる平行 FW 板の 200〜280 MPa (GF 含有率 60〜80 wt%) までさまざまで，一般には 80〜150 MPa の範囲に分布する．

図 5.37　ガラスエポキシ積層板の
パンチング穴内面外観写真[55]
(穴径 1 mm，板厚 1.6 mm)

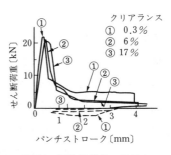

GFRP：不飽和ポリエステル
＋チョップドストランド GF
(板厚 3 mm)

図 5.38　ガラス繊維強化複合
材料のせん断線図[49]

　そのせん断過程は，図 5.38 のせん断線図に例示されるとおり，弾性変形から亀裂貫通による破断，抜きかすの押込み抵抗の残留という典型的な脆性材料のせん断過程をとる．クリアランスを板厚の 2% 程度以下とし，材料拘束を高めることで切口改善の効果が若干認められるが[48]，逆にパンチ押込み抵抗，引抜き抵抗ともに増大するため，工具損傷・摩耗と内層剥離などの欠陥生成に注意を要する[49]．このように，GFRP はせん断加工の適用が最も困難な材料の一つで，その必要性が大きいにもかかわらず，基本的には後工程で仕上げ加工を

実施する場合や，切口面を特に問題としない場合を除いて，ほとんど用いられない．ただし，特に需要の高いプリント配線板のスルーホール穴あけの分野では，表層部をガラスクロス，内層をガラスペーパーとした材料側の改質により，打抜き性を高める努力が払われている．

〔4〕 **切口形状の改善**

上記のように，複合材料の慣用せん断では良好な切口形状を得ることが本質的に難しいため，これまで切口形状の改善方法が**表5.4**に示されるように多方面から検討されてきた．**図5.39**はその基本的なアプローチを図解したもので，大別して以下の三つに分類される．すなわち（a）亀裂の発生と成長方向を積極的にうまく制御することによってせん断を行う方法，（b）加熱・加圧により材料を延性化し亀裂発生とその成長を抑制させながらせん断を行う方法，（c）形成された破断面と内部欠陥部位を切削機構によって除去し平滑な加工面にまで仕上げる方法，以上の三つである[50]．

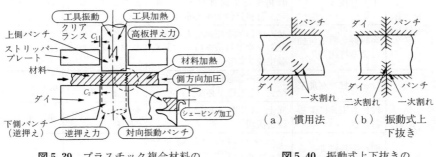

図5.39 プラスチック複合材料の切口改善方法模式図[50]

図5.40 振動式上下抜きの加工原理[52]

（a） **亀裂を制御する方法**　典型的な加工法に振動式上下抜き[52]がある．この方法は，**図5.40**（b）のように材料を上下のパンチとダイで拘束し，パンチに上下振動を付与するものである．これらにより，斜め方向に生成する一次割れどうしを繰り返し会合させ，新たに板面に垂直方向へと進展する二次割れを生成させる．振幅を増大させることにより，この二次割れを板の上下面に貫通させ，板と抜きかすのせん断分離を達成する．この方法は実用化には至っ

表5.4 プラスチック複合材料のせん断切口改善方法

分 類	加工法	切口改善の方法と効果	適用報告例	文 献
加 熱 せん断	加熱パンチによる打抜き	パンチ周辺の材料軟化による亀裂抑制と仕上げ効果	紙フェノール	51)
	材料加熱による打抜き	材料の延性化による亀裂発生・成長の抑制	紙フェノール	42)
振 動 せん断	振動式上下抜き	振動対向工具を用いて一次割れを交差させ二次割れを板面に垂直に貫通	紙フェノール	52)
	振動仕上げ抜き	振動対向工具を用いて,せん断領域の局所的熱軟化を図り,無理のないせん断分離を達成	GFRP, CFRP, KFRP, 紙フェノール, 紙エポキシ	37), 53)～55)
	超音波振動打抜き(Ⅰ)	板面に平行な一次割れ生成を利用.穴あけはパンチ,外形抜きはダイ側を振動	紙フェノール, 紙エポキシ	51), 56)
	超音波振動打抜き(Ⅱ)	せん断分離後に穴内面樹脂を熱軟化させ,バニシ仕上げ	GFRP(コンポジット材)	57)
加 圧 せん断	圧縮打抜き	板面方向の圧縮により一次割れ角度を板面垂直方向に変化.材料延性効果も重畳	紙フェノール	58)
	高板押え面圧付加による打抜き	せん断領域を圧縮応力状態に保ち,常温打抜き時の穴間亀裂生成を抑止	紙フェノール	59)
シェービング	シェービング加工	切口面不良部位を切削により除去(2工程が必要)	スタンパブルシート	60)
	段付き工具による打抜き	同上.1工程で打抜きと切口改善実現	紙フェノール GFRP	36), 61)
	同一工具による二度抜き	小穴あけ時の穴収縮分をシェービング代とし,もう一度同一工具で除去	GFRP	62)

〔注〕 GFRP:ガラス繊維強化プラスチック,CFRP:炭素繊維強化プラスチック,KFRP:ケブラー繊維強化プラスチック

ていないが,ユニークな加工原理に基づく方法として注目された.板面方向すなわち板の側面方向から加圧する圧縮打抜き[48],振動工具側の材料にのみ亀裂を発生させる超音波振動打抜き(**図5.41**参照)も図(a)の一形態とみなすことができる.後者は超音波振動切削に端を発し[63],紙基材プリント配線板の$\phi 0.6 \sim 0.9\,\mathrm{mm}$穴あけで穴間ピッチ$1.78\,\mathrm{mm}$を室温にて打ち抜けることが報

告されている[56]．これらの方式は，いずれも紙基材への適用効果は確認されたものの，GFRPへの適用は困難なものと考えられる．

(b) 加熱・加圧による方法　加熱せん断は〔2〕にも示されたように，紙フェノール積層板，紙エポキシ積層板の穴あけに広く用いられている．材料改質の結果，材料加熱温度も初期の130～190℃から現在では室温～80℃までに抑えられている．しかし，材料加熱は段取り増加，熱

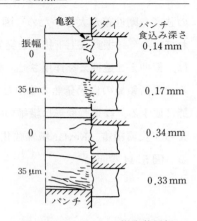

図5.41 フェノール樹脂積層板の超音波振動打抜き例[51]

損失ばかりでなく，加工後熱収縮による寸法精度低下を引き起こすため，加熱に代わり（あるいは併用して）高い板押え力を付与する方法も適用されている．通常でも2～5 MPaぐらいの板押え力を付与するが，さらに小穴あけのパンチ近傍まで，通常の数倍の板押え力を加えることにより，一般に60℃以上の加熱を要する場合でも室温（25℃）で桟割れを抑制して穴加工が行えるようになる（**図5.42**参照）[59]．ただし，GFRPの加熱せん断では，樹脂と繊維と

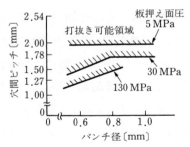

（板厚1 mm，パンチ径3 mm，周波数17.3 kHz クリアランス50 μm，打抜き速度5 mm·min^{-1}）

図5.42 室温25℃におけるフェノール樹脂積層板の穴あけ限界線図[59]

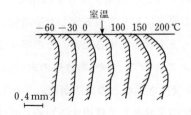

図5.43 ガラスエポキシ積層板の切口面に及ぼす材料温度の影響[62]（板厚1.6 mm，穴径1 mm，クリアランス15 μm）

の強度や剛性差が大きいため，**図 5.43** のように逆効果をもたらすことも知られている[56]．振動式上下抜きを発展させた振動仕上げ抜き（5.2.1〔4〕参照）は，板押えと逆押えを作用させ，板全面の加圧による変形の集中と，それによるせん断領域の自己発熱の集中という重畳効果を活用しており，(b) の一形態に属する．繰返し変形は繊維の完全破断を促進するため，ガラス繊維にとどまらず炭素繊維，Kevlar 繊維強化の複合材料の高精度打抜きを可能としている（**図 5.44** 参照）．

図 5.44 振動仕上げ抜きによる CFRP の打抜き加工穴外観[54]（板厚 2.4 mm，穴径 8 mm）

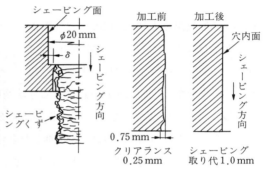

図 5.45 スタンパブルシートのシェービング加工[60]（材料：アズデル（ポリプロピレン + GF 40 wt%），板厚 15 mm）

(c) 切削機構による方法　シェービング加工は，荒れた切口の表層部分をパンチ刃先で削り落とすため，最も確実な切口改善法といえる．一般に強化材や樹脂の種類を問わず汎用で，スタンパブルシートでの適用例では 15 mm の厚板に対しても安定した平滑切口面が得られている（**図 5.45** 参照）[60]．ただし 2 工程を要するため，その解決法として，段付き工具による 1 工程シェービング[36),61)]，小穴あけ時の穴の弾性収縮量を削り代とする同一パンチによる 2 度抜き[57]などの方法が試みられている．シェービング加工は，パンチ刃先を切削工具として使用するため，強化材の種類によっては工具寿命が短いという実用上の問題がある．

5.2.3 樹指複合鋼板のせん断加工[64]

樹脂複合鋼板には用途に応じて,比較的薄い2枚の鋼板間に0.2〜1.0 mmの樹脂層をサンドイッチした軽量化ラミネート鋼板と,比較的厚い2枚の鋼板を30〜100 μmのフィルム状樹脂層で貼り合わせた制振鋼板とがある.

樹脂量の多い軽量化ラミネート鋼板(板厚1.0 mm)の片持梁式せん断試験を例に,そのせん断過程と切口断面形状を**図5.46**,**図5.47**にそれぞれ示す.逆押えのない場合には,図5.46(a)のようにダイ上のスキン鋼板が最終工程まで分離しないままパンチが下降するため,オフカット側の回転により切口に大きなつぶれが生成する.しかも,このスキン鋼板の板厚は0.2 mmと薄いため,最後のせん断分離工程での実質クリアランスがこの例では25%以上と過大となり,大きなかえりが発生する.ここでは例示されないが,ϕ50 mm円形打抜きでは,片持梁式せん断に比べて材料の曲がりが抑制されるため,切口のつぶれ,かえりともにかなり小さくなる.ただし,切口部に樹脂のはみ出し現象を伴うこともあるので注意が必要である.

いずれの場合にも,せん断時の材料の曲がりを防止することで切口断面形状

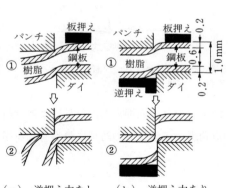

図5.46 軽量化ラミネート鋼板の片持梁式せん断における被加工材の変形過程[64](樹脂:ポリエチレン)

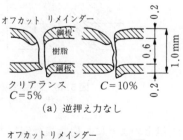
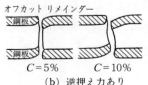

図5.47 軽量化ラミネート鋼板の片持梁式せん断における切口断面形状[64](樹脂:ポリエチレン)

は大幅に改善されることが示されている．すなわち，逆押えを付与することにより，図5.46（b）のようにせん断分離の順序が ① パンチ側スキン鋼板，② ダイ側スキン鋼板，③ 中間樹脂層の順に変化し，切口断面の直角度向上とともにかえりの発生も防止できる．さらに，高速せん断の適用では樹脂層せん断時の速度効果が加味され，樹脂面の切口面粗さが向上する．

　板厚のほとんどが鋼材から成る制振鋼板のせん断加工は，2枚の鋼板間の剥離現象を除いて，1枚鋼板の場合とほぼ同等のせん断形態をとる．**図 5.48** に片持梁式せん断切口断面形状の例を示す．このように，逆押えを作用させることで切口の直角度は大幅に改善できる．これに対して打抜き加工では，せん断分離後の弾性回復により製品寸法が穴径より大きくなりやすく，切口面が工具側面にこすられるため，剥離現象が顕著となる．大きなクリアランスは，製品寸法が低減され剥離抑制に作用するが，逆に切口断面の直角度を悪化させる．一方，小さなクリアランスは，一般に剥離現象を促進するが，適切な逆押えを作用させると製品湾曲が抑制され，直角度の良好な剥離のない切口面が得られる．

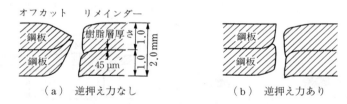

図 5.48 制振鋼板の片持梁式せん断における切口断面形状[64]（クリアランス5％，樹脂：ポリエチレン）

　以上のように，樹脂複合鋼板のせん断加工では，逆押え力の付与による材料の曲がり（湾曲）の抑止が，切口面の直角度と剥離現象の防止に最も有効な指針となっている．

引用・参考文献

1) 鈴木貴之ほか：素形材，**55**-12 (2014)，10-14.
2) 古閑伸裕ほか：塑性と加工，**55**-646 (2014)，48-52.
3) 前田禎三ほか：同上，**9**-92 (1968)，627-636.
4) Howard, F.：Sheet Metal Industries, **37**-397 (1960)，339.
5) 村川正夫ほか：塑性と加工，**54**-628 (2013)，431-435.
6) 塩野目富夫ほか：平成25年度塑性加工春季講演会講演論文集，(2013)，193.
7) 村川正夫ほか：第63回塑性加工連合講演会講演論文集，(2013)，193.
8) Murakawa, M., et al.：Key Engineering Materials：554-557 (2013)，1879.
9) So, H., et al.：Journal of Material Processing Technology, 212-2 (2012)，437.
10) 南雲道夫：水素脆性の基礎，(2008)，内田老鶴圃.
11) 藤井哲雄：金属腐食，(2011)，88，日刊工業新聞社.
12) MISUMI，表面処理技術講座，(2008)，344回水素脆性－吸蔵した水素，http：//koza.misumi.jp/surface/2008/04/344.html．(2016年3月現在)
13) 小室文稔ほか：平成25年度塑性加工春季講演会講演論文集，(2013)，195.
14) Shirasawa, H.：ISIJ International, **34**-3 (1994)，285-289.
15) 岡田恒雄ほか：平成7年度塑性加工春季講演会講演論文集，(1955)，77.
16) 冨田邦和ほか：鉄と銅，**87**-8 (2001)，37.
17) 三浦正明ほか：自動車技術会講演論文集，(2002)，209-212.
18) 田村栄一ほか：日本機械学会シンポジウム講演論文集，(2002)，79-82.
19) 十代田哲夫ほか：神戸製鋼技報，**54**-3 (2004)，29.
20) 塩崎毅ほか：自動車技術会論文集，**44**-4 (2013)，1119-1124.
21) 古閑伸裕：軽金属，**50**-1 (2000)，18-22.
22) 古閑伸裕ほか：同上，**51**-9 (2001)，452-456.
23) Paisarn, R., et al.：同上，**54**-2 (2004)，57-61.
24) 青木勇ほか：塑性と加工，**27**-306 (1986)，860-867.
25) 青木勇ほか：同上，**27**-308 (1986)，1078-1083.
26) 青木勇ほか：同上，**29**-333 (1988)，1017-1023.
27) 岩村亮二ほか：同上，**29**-326 (1988)，265-270.
28) 岩村亮二ほか：昭和61年度塑性加工春季講演会講演論文集，(1986)，23.
29) 北條英典ほか：塑性と加工，**9**-88 (1968)，304-314.
30) 升森宏介ほか：同上，**10**-98 (1969)，180-189.

31) 日本塑性加工学会編：プレス加工便覧, (1975), 182, 丸善.
32) 前田禎三ほか：塑性と加工, **17**-183 (1976), 316-321.
33) 前田禎三ほか：同上, **11**-115 (1970), 617-624.
34) 銘苅春栄：プレス技術, **25**-7 (1987), 27.
35) 前田禎三ほか：塑性と加工, **17**-183 (1976), 329-333.
36) 前田禎三ほか：第22回塑性加工連合講演会講演論文集, (1971), 83.
37) 横井秀俊ほか：生産研究, **36**-2 (1984), 32.
38) Yokoi, H., et al.：Advanced Technology of Plasticity 1984, 2 (1984), 821.
39) 石川憲一ほか：精密機械, **46**-2 (1980), 153-158.
40) 中谷恒二：プレス技術, **27**-8 (1989), 86.
41) 中村行雄ほか：成形加工, **2**-3 (1990), 227-234.
42) 非金属材料のせん断加工性専門委員会：精密機械, **27**-12 (1961), 788.
43) 北條英典：塑性と加工, **2**-10 (1961), 647-656.
44) 北條英典ほか：精密機械, **26**-5 (1960), 262.
45) 安沢興平ほか：日立化成テクニカルレポート, 8 (1987), 19.
46) 池田謙一ほか：サーキットテクノロジ, **3**-6 (1988), 339.
47) 前田忠正：精密機械, **27**-12 (1961), 807.
48) 松野建一ほか：機械技術研究所所報, **26**-3 (1972), 20.
49) 松野建一ほか：昭和53年度塑性加工春季講演会講演論文集, (1978), 145.
50) 横井秀俊：プレス技術, **25**-7 (1987), 37.
51) 山内信也ほか：塑性と加工, **10**-99 (1969), 261-268.
52) 北條英典ほか：同上, **5**-38 (1964), 203-209.
53) Nakagawa, T., et al.：Proc. of the 9th North American Manufacturing Research Conf., (1981), 207.
54) Yokoi, H., et al.：Proc. of ICCM-4, (1982), 1925.
55) 横井秀俊ほか：塑性と加工, **25**-279 (1984), 335-342.
56) 神馬敬ほか：第36回塑性加工連合講演会講演論文集, (1985), 535.
57) 岡崎康隆ほか：第38回塑性加工連合講演会講演論文集, (1987), 309.
58) 北條英典：精密機械, **30**-11 (1964), 838.
59) 山田収ほか：昭和61年度塑性加工春季講演会講演論文集, (1986), 27.
60) 村川正夫ほか：平成2年度塑性加工春季講演会講演論文集, (1990), 591-594.
61) 松野建一ほか：第25回塑性加工連合講演会講演論文集, (1974), 407.
62) 中川威雄ほか：第30回塑性加工連合講演会講演論文集, (1979), 561.
63) 隈部淳一郎：日本機械学会論文集, **27**-181 (1960), 1418.
64) 村川正夫ほか：塑性と加工, **31**-354 (1990), 929-934.

6 せん断型

6.1 型　設　計

6.1.1　せん断型の種類と等級

　せん断型は，加工素材に対して物理的な外力を与え，所定の形状に分断することを目的とした専用工具である．その種類や形式，呼び方は，加工の種類に合わせて各種あり，外形抜き型，穴抜き型，切断型，切込み型，縁切り型などがある．さらに同様な型であっても，角穴抜き型，丸穴抜き型，切離し型など個別の呼び方をしているものもあり，一定していない．

　一般的に，これらをその機能，構造から見て分類すると，単抜き型，総抜き型（複合型），順送型の3種類に大別できる．

〔1〕**単　抜　き　型**

　所定の一部分を単独に1工程だけ加工する型で，外形抜き型，穴抜き型，切断型，切込み型，縁切り型などがこの範疇であり，簡単な形状のものや，比較的生産量が少ない部品の加工に利用されている．

〔2〕**総抜き型（複合型）**

　穴と外形を一つの型で，しかもプレスの1ストロークで加工を完了させる形式の型構造を持つ．単抜き型より型費は高価であるが，部品の生産スピードは早く，比較的部品の寸法精度も良い．

〔3〕**順　送　型**

　一つの型の中に穴や外形を抜く2ステージ以上を配置し，フープ材などを連

続した形で型の中に送り込み，所定の部品を得る形式の型である．この型では，プレスの1ステージで所定の部品を得ることはできないが，数ステージを通過した後は連続的に部品を生産できる．一般に，加工素材は型内に自動供給され，無人でプレス加工される．また，その加工ストローク数は1 000 spmを超えるものも珍しくない．型は前述2タイプと比較し最も高価であるが，大量生産の部品や，複雑形状の部品用に広く用いられている．

上記3タイプのほかに，自動化要素を取り入れたトランスファー型があるが，これは単機能の型を一定のピッチでプレス機械に取り付け，自動送り装置やロボットなどを利用して加工を行うものであり，型そのものは単型である．

型は各種の機能部品で構成されており，それぞれの型部品がその機能を十分に発揮できるように設計される．それらの機能は製品要求を満足させることはもちろん，工具としての安定性や作りやすさ，さらに使用側の安全性やメンテナンスの容易さなども考慮して設計する必要がある．

表6.1[1)]に一般的な目安としての型の等級基準を示すが，製品要求や経済性，納期などの面から，これらの内容を参考にして，型の選定を行う．

近年の型加工設備のN/C化やプレス加工設備の自動化，さらには型の標準化を伴うCAD/CAM化などにより，この表を基準にするとオーバースペックの型も多数見られるが，型の設計〜製作〜プレス加工までをトータル的に捉えるとプラスのこともあり，基本を守った上での総合的な判断が必要である．

大別した考え方をするならば，大量生産の型はプレス加工スピードを早くして自動化，長寿命化の検討をし，中〜少量生産の型は限りなく型費低減の方向で検討すべきである．

6.1.2 せん断荷重・かす取り力の計算

せん断型の設計に当たっては，せん断に必要な荷重を計算し，型の強度，剛性を検討するとともに，使用プレス機械との適合判定をしなければならない．

せん断荷重 P〔N〕は，次式で求める．

表 6.1 型の等級基準[1]

項目	小項目	1 級	2 級	3 級	4 級
製品の性質と生産量	生産規模	大量生産	大量生産 中量生産	中量生産 少量生産	少量生産 短期生産, 試作
	安定度	形状変更の可能性少, 長期安定生産	形状変更の可能性少, 長期安定生産	長期生産はするが形状変更の可能性多, 比較的不安定生産	限定期間生産, 特に形状変更の可能性多, 試作など
	月産数量	100 000 個以上	30 000～100 000 個	1 000～30 000 個	1 000 個以下
	プレス加工の難易度	非常に難しい	難しい	普通	簡単
型	製作目的	合理化が至上目的	特に寸法の安定化を図り, 合理化も考慮	低製作費, 短納期を目的とし, できれば合理化も考慮	低製作費, 短納期が最大の目標
	構造	複雑な専用給材除去装置を持つ順送型およびトランスファー型, 特に複雑な型構造を有するもの	特に複雑な構造を有する単工程型, 順送型またはトランスファー型で型構造のさほど複雑でないもの	普通の単工程型送り抜き型, 総抜き型, 汎用の給材除去装置を用いる単工程型	単工程簡易型, 汎用ダイセットを用いるインナーダイ
	型寿命	400 万個以上	200 万個以上	5 万個以上	5 万個以下
材料	パンチ 材料	SKD 1, SKD 11, SKH 51, 超硬合金	SKD 1, SKD 11, SKH 51, 超硬合金	SKS 3, SKD 1, SKD 11	SKS 3, SK 5
	処理	熱処理 (HRC 60 以上) 必要に応じて表面硬化処理	熱処理 (HRC 60 以上) 必要に応じて表面硬化処理	熱処理 (HRC 58 以上) または表面硬化処理	
	ダイ 材料	SKD 1, SKD 11, SKH 51, 超硬合金	SKD 1, SKD 11, SKH 51, 超硬合金	SKS 3, SKD 1, SKD 11	SK 5, SKS 3, ZAS
	処理	熱処理 (HRC 60 以上) 必要に応じて表面硬化処理	熱処理 (HRC 60 以上) 必要に応じて表面硬化処理	熱処理 (HRC 58 以上) または表面硬化処理	

$$P = \tau_B \cdot L \cdot t \tag{6.1}$$

上式で，τ_B：被加工材のせん断抵抗〔$N \cdot mm^{-2}$〕，L：せん断輪郭長さ〔mm〕，t：被加工材の板厚〔mm〕である．

表 6.2[2)]に各種材料のせん断抵抗，引張強さを示す．

表6.2 各種材料のせん断抵抗，引張強さ [2)]

材 料	せん断抵抗 τ_B 〔$N \cdot mm^{-2}$〕		張強さ σ_B 〔$N \cdot mm^{-2}$〕	
	軟 質	硬 質	軟 質	硬 質
鉛	20 ～ 30	—	25 ～ 40	—
ス ズ	30 ～ 40	—	40 ～ 50	—
アルミニウム	70 ～ 110	130 ～ 160	80 ～ 120	170 ～ 220
ジュラルミン	220	380	260	480
亜 鉛	120	200	150	250
銅	180 ～ 220	250 ～ 300	220 ～ 280	300 ～ 400
黄 銅	220 ～ 300	350 ～ 400	280 ～ 350	400 ～ 600
青 銅	320 ～ 400	400 ～ 600	400 ～ 500	500 ～ 750
洋 銀	280 ～ 360	450 ～ 560	350 ～ 450	550 ～ 700
銀	190	—	260	—
熱延鋼板（SPN 1 ～ 8）	260 以上		280 以上	
冷延鋼板（SPC 1 ～ 3）	260 以上		280 以上	
深絞り用鋼板	300 ～ 350		320 ～ 280	
構造用鋼板（SS 34）	270 ～ 360		330 ～ 440	
構造用鋼板（SS 41）	330 ～ 420		410 ～ 520	
鋼 0.1% C	250	320	320	400
鋼 0.2% C	320	400	400	500
鋼 0.3% C	360	480	450	600
鋼 0.4% C	450	560	560	720
鋼 0.6% C	560	720	720	900
鋼 0.8% C	720	900	900	1 100
鋼 1.0% C	800	1 050	1 000	1 300
けい素鋼板	450	560	550	650
ステンレス鋼板	520	560	660 ～ 700	—
ニッケル	250	—	440 ～ 500	570 ～ 630
革	6 ～ 8		—	
マイカ 0.5 mm 厚	80		—	
マイカ 2 mm 厚	50		—	
ファイバー	90 ～ 180		—	
棒 材	20			

一般的な金属のせん断抵抗は,引張強さの約80%程度とすることも多い.

穴や外形を打ち抜くと打ち抜かれた材料が工具（パンチ）に食い付くので,これを抜去するための力を「かす取り力」と呼んでいる.かす取り力は,種々の要因（工具の切れ刃状態やプレス加工油,外形と穴の近接など）で変化するが,一般にせん断荷重の2.5〜20%程度の間で変化すると見られている.

かす取り力 P_s〔N〕は,つぎの簡便式で求められる.

$$P_s = K \cdot P \tag{6.2}$$

上式で,K:補正係数,P:せん断荷重〔N〕である.

補正係数 K の値は,一般に0.05〜0.2とし,部品の精度が高かったり平坦度を要求されたとき,高速加工のときには0.3〜0.4の値を用いる.

現実的なプレス加工の荷重計算方法として,被加工材の引張強さで計算した値をそのまま用い,この中にかす取り力と安全率を含んでいるとした考え方をしている場合もある.

6.1.3 クリアランスの選定

一般的なせん断加工では,せん断工具であるパンチとダイ間には,きわめて小さな隙間を設ける.この隙間を「クリアランス」という.

クリアランスは,被加工材のせん断抵抗,板厚と密接な関係があり,通常,**表6.3**[3)]に示すような範囲のクリアランスを選択している.

せん断された部品の端面形状は,通常**図6.1**に示す各部分で構成されており,被加工材やクリアランスの大小によって変化する.きわめて一般的には,せん断面の長さが板厚 t の30〜50%程度の範囲が型として良好な状態とされているが,切口面の垂直性を要求されたり,部品の生産量と型寿命の関係から,クリアランスを小さめに設定することもあるので,一概には片付けられない.

かえり（バリ）の高さは,一般に型やプレス部品の品質の良否判定によく使われている.クリアランスは板厚 t の10%以下が一般的目安とされているが,部品のかえり高さ要求などを考慮した選択が必要である.またクリアランスは

表 6.3 一般作業用クリアランス[3]

材　料	クリアランス片側 C/t [%]
純　鉄	6〜9
軟　鋼	6〜9
硬　鋼	8〜12
けい素鋼	7〜11
ステンレス鋼	7〜11
銅（硬質）	6〜10
銅（軟質）	6〜10
黄銅（硬質）	6〜10
黄銅（軟質）	6〜10
りん青銅	6〜10
洋　白	6〜10
アルミニウム（硬質）	6〜10
アルミニウム（軟質）	5〜8
アルミニウム合金（硬質）	6〜10
アルミニウム合金（軟質）	6〜10
鉛	6〜9
パーマロイ	5〜8

〔注〕　精密工学会資料より

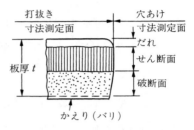

図 6.1　せん断端面の形状

型の再研削，型寿命と深い関連がある．

　概念的には，硬い材料や板厚が厚いものほど大きいクリアランス，軟らかい材料や板厚が薄いものほど小さいクリアランスを設定する．

6.1.4　抜きレイアウト設計と工程設計

　プレス加工による部品コストは，加工費と材料費がそのほとんどを占め，大量生産では材料費の比率が高くなるので，材料の歩留り向上の工夫が必要である．

　総抜きや順送抜きなどの抜き加工では，通常送り桟，縁桟を設け，順次プレス加工が行われる．送り桟，縁桟は正確な材料送りができる剛性を確保し，材料が破断したり著しい変形がないようにしなければならない．

　一般に送り桟，縁桟は，被加工材板厚の 1.0〜1.5 倍程度である．

　ブランク形状は多種多様であるため，その配置法には単列抜き法，傾斜抜き法，回転交互配列法，裏返し交互配列法，千鳥式多列法などがある．いずれの

方法を採用するかは材料の歩留りのほか，プレス作業のしやすさ，材料の圧延方向の検討（特に，りん青銅や硬い材質で後工程に曲げがあるもの），曲げ方向とかえり側（一般にかえりを曲げの内側にする）などを考慮して選択する必要がある．

またブランク形状によっては，送り桟，縁桟が不必要なものもある．これは，スクラップレス法と呼ばれ，一般に切断方式の型で加工され，材料の歩留り率は最も高い．

1工程でプレス加工が可能な場合は前述のとおりであるが，部品によっては大量生産の場合や，穴と穴の近接，穴と外形の近接，ダイやパンチの強度を確保できないなどの理由により，順送型にせざるを得ない場合がある．このようなときには，つぎのような点に注意してレイアウトや工程を決める必要がある[4]．

〔1〕 プ レ ス 面

加工工程が2ステージ以上になるため，抜き形式によっては穴と外形のだれ方向（バリ方向）が逆になるので注意を要する．

〔2〕 部品のコーナー R 部

型寿命を考慮した場合，部品のコーナーアール半径が $0.25\,t$ 以上可能な場合，図 6.2 に示す抜き落し形式でよいが，それ以下かまたは付けられない場合には，図 6.3 に示す形式にする．

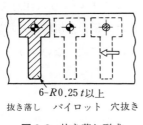

図 6.2 抜き落し形式

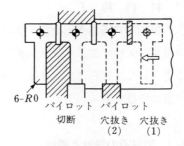

図 6.3 カットオフ形式

〔3〕 部品の平坦度

抜き落し形式にすると，部品に湾曲が生じやすいため，カットオフ形式にする．

〔4〕 **ストリップキャリヤ**

材料送り用のつなぎの部分である送り桟，縁桟には送りに対して十分な強度が必要であり，特に部品に対して片側しかつなぎを設けない場合は，材料に曲がりや変形が生じやすいので注意する．

〔5〕 **寸法精度が厳しい場合**

穴ピッチ精度などが厳しく要求される場合は，同一ステージで同時加工をする．

〔6〕 **マッチングカット**

2回以上に分けて同一線上を加工する場合に，かえりの発生を避けるため意図的に段差を付けトラブルを防ぐ．これをマッチングカットという．製品形状上許され，かつ，レイアウト設計が行いやすくなる場合にはこれを設ける．

〔7〕 **パイロット**

パイロット（加工材料を所定の位置に精度良くガイドする役割をするもの）は最低2個以上設け，材料の安定を図る．また部品に穴がない場合や，穴の変形を嫌う場合は捨て穴をあけて，間接的に位置決めを行う．

〔8〕 **加工力中心**

プレス機械と加工力中心を極力合わせること．せん断加工に伴い発生するブレークスルー現象を考慮して，プレス能力に対して余裕を設けることが必要である．

〔9〕 **材料挿入**

加工の開始時に各ステージで半欠けの加工が行われないように注意をする．やむを得ず半欠けの加工を行うレイアウトのときは，極力強度のあるパンチを用いるようにし，さらに半欠け加工のカスがダイの上に残らないよう，加工開始の位置に注意する．

6.1.5 型構造の設計と機能

前述の各項目の内容は，型設計に当たっての事前検討項目で，部品に要求されている形状，寸法精度，外観，経済性などを達成するための型の構想，あるいは目標設定作業である．したがって，この段階で型の概略は決定されたとい

える．

　通常これらの内容は，「型仕様」の中に細かく指示されている場合も多く，この場合は具体的な型図の作成作業に入ることになる．

　型設計に当たっての根本的な考え方としては，「型はパンチとダイがあればよい」という所から出発し，これに必要な機能を付加する考え方で進めていく．

　図 6.4 に抜き型の基本構造タイプを示すが，大別するとパンチとダイが上か下かで異なり，ストリッパーが固定か可動かで異なる．ここには，最もシンプルな形式を示したが，通常はさらに機能部品が付加された複雑な構造になっている型が多い．図 6.5 に可動ストリッパータイプの型構造の例を示す．

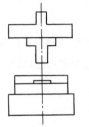 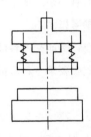 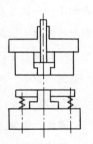

（a）固定ストリッパー　　（b）上可動ストリッパー　　（c）下可動ストリッパー

図 6.4　抜き型の基本構造タイプ

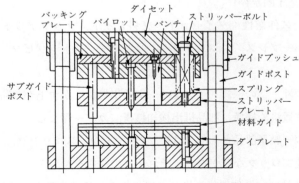

図 6.5　可動ストリッパータイプの型構造

基本構造タイプ別のおもな特徴は，図6.4（a）の固定ストリッパータイプは，部品の湾曲，精度などが厳しいものには向かないが，型費は安い．外形抜き型や穴あけ型，切断型など，また順送型に多用される形式である．図（b）の可動ストリッパータイプは，材料を押さえた状態でプレス加工するので，部品精度が図（a）よりも優れ，また型の精度や剛性保持が可能なことから，トラブルにも強い形式である．このタイプは，薄板の加工に多用されている．図（c）の可動ストリッパータイプは，図（a），図（b）とはパンチ，ダイが上下逆になっている．サブ抜きとも呼ばれるもので，外形抜き型や総抜き型（さらに複雑な構造になるが）に多用されている．総抜き型の場合は，穴と外形のだれ方向が同一になり部品精度も良いが，単型の中では高価である．構造の決定に当たっては，前記表6.1を参考にする．

型として具備しなければならない機能や内容は，それぞれの型によって異なるが，通常パンチ，ダイ以外に型に要求される機能とおもな型部品には，つぎのようなものがある．

（1） 剛性，強度：ダイセット，バッキングプレート
（2） 精度確保，維持：ガイドポスト，ガイドブシュ，サブガイドポスト，パイロット，ストリッパープレートなど
（3） 切れ刃の固定，保持：ダイセット，パンチプレート，ダイプレート（分割ダイ固定枠）
（4） プレス作業性：ダイセット，材料ガイド，ノックアウト装置，ストリッパープレス，エジェクター，リフター，ストップピン，補助ガイドなど
（5） 安全性，型の保護：ミスフィード検出機構，かす上がり防止・検出機構，位置決め機構，部品排出検知機構，カバー類など

これ以外の一般型部品として，ねじ，ノックピン，スプリング，ワッシャー，ピン類，各種ブロックなどがあり，それぞれの機能を持つ．

前記の型部品は，単独機能の場合と二つ以上の機能を持たせる場合があり，型部品としては付加しないが，どれかの型部品に穴を加工したり掘り込んだり

することで，その機能を持たせる場合もある．さらに機能要求を満足させ，向上させるためには，型の材質選定，熱処理，表面処理なども重要な役割を果たす．

6.1.6 パンチ・ダイの設計

パンチ・ダイは，部品の形状を直接決定する部分であり，通常その要求に合わせて熱処理し，十分な強度や耐摩耗性を持たせる．

〔1〕 **パンチ設計**

パンチは機能的に見ると，切れ刃部，中間部，植込み部（固定部）の3部分で構成するものが多い．切れ刃部は部品を直接加工する部分で，平面形状は部品形状によって左右され，切れ刃の長さは生産量との関連で，再研削による寸法減少を加味する必要がある．中間部は切れ刃部と植込み部のつなぎ部で，全長の調整部分，植込み部はパンチプレートやダイセットに直角に固定保持するための部分である[5]．

パンチは打抜き時の圧縮応力と，ストリッピング（かす取り）時の引張応力が交互に繰り返し発生し，これに耐える強度が必要である．圧縮強度から求められたパンチ径 d の限界は，板厚を t とすれば軟鋼では $d/t > 0.5$ 程度である．一般にパンチは細長い形状になるため，座屈強度も問題になり，強度計算には図 6.6 に示すオイラーの式が用いられる．

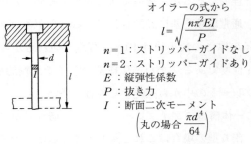

オイラーの式から

$$l = \sqrt{\frac{n\pi^2 EI}{P}}$$

$n=1$：ストリッパーガイドなし
$n=2$：ストリッパーガイドあり
E：縦弾性係数
P：抜き力
I：断面二次モーメント
$\left(丸の場合 \dfrac{\pi d^4}{64}\right)$

図 6.6　パンチ座屈強度計算法

パンチの固定法は，一般につばによる固定が多く，打抜きによる圧力をより広い面積で受ける効果もある．その他の方法としてコーキング，接着剤，クラ

ンプ,ボールロック,キーなど各種あり,その形状や大きさ,メンテナンス性などを考慮して使い分ける.

〔2〕 **ダイ の 設 計**

　ダイの構造は大別して一体構造(ソリッドタイプ)と割り型構造(ブロックタイプ)がある.一体にするか割り型にするかは,型精度,部品形状(型の加工性),型の剛性,強度,メンテナンス性,型の大きさ,型費などを考慮して使い分ける.割り型は主として大きな型や大量生産の型に広く採用され,その理由は,型寿命延長と型の加工性およびメンテナンス性を考慮してのことである.

　ダイの固定は通常ねじとノックピンを使用するが,割り型構造にした場合は分割の大きさにもよるが,同様な方法を採用できなくなる.一般に,分割したダイは組立てやメンテナンスを考慮し,ダイを組み込むための固定枠や別のダイプレートに組み込んで一体化するが,その方法は,圧入,枠へのねじ止め,つば止め,キー止め,くさび止め,別部品による上からの押えなどが採用されている.またこのとき,組立てやメンテナンスへの配慮として,型精度の低下や再現性,型部品の破損などがないように設計しなければならない.

　ダイへの機能要求としては,部品の形状,寸法精度と生産量を確保維持する強度,剛性である.したがって,一体か割り型かの決定と同時に,その厚さと大きさ,材質,熱処理などの決定をしなければならない.各寸法は強度計算をして決定するのが合理的であるが,多種多様に変化する部品の形状に対応するのは非常に困難で,通常経験を基に設計されている場合が多い.一般の抜き型で,一体構造のダイの厚さの最小値は 10 mm 程度,切れ刃から外周までの最小値は 25 〜 30 mm 程度である.また一体構造のダイで比較的小さいものは,規格化された標準プレートの中から選定する場合が多い.

　表 6.4,**図 6.7** に一体構造のダイプレートの厚さ,切れ刃から外周までの距離の一般値を示す.割り型の場合はこれを基準と考えるが,固定枠などを使用するときは,これと一体であるという強度上の考え方をし,分割ダイ自体は,プレス加工時の圧力,振動に耐え,型の組立て,メンテナンスに差し支えない範囲であれば,大きさにはあまりこだわらなくてもよい.

表6.4 材厚と生産量による一体構造のダイプレートの厚さ（一般軟鋼を標準として）
〔生産量単位：×1 000 個〕

材厚 t \ 生産量	5 以下	50	100	500	∞
0.4	10	16	20	25	30
1.0	10	16	20	25	30
2.4	16	20	25	30	35
3.2	20	25	30	30	35
4.6	25	30	35	35	40

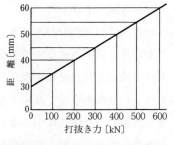

図6.7 切れ刃から外周までの距離

通常打抜きに用いるダイには，厚さ方向に対し「逃げ角」を付ける場合が多い．これは，抜きかすやプレス加工された部品がダイの中に重なり合って大きな内圧を発生し，ダイやパンチの破損につながるのを防止するためである．逃げ角の大きさは，部品の生産数量や打抜き材料の厚さ，さらに切れ刃部の加工方法によって異なり，一般に30′〜1°程度である．逃げ角のあるダイは，切れ刃の再研削により寸法値，クリアランスが少しずつ大きくなるため，部品の生産量や精度によっては，設計時点でその分を見込んだ値を設定する必要がある．

6.1.7 ストリッパーの設計

ストリッパーの第一の機能は，パンチに食い付いた打抜き後の材料を取り払うことである．形式的には固定ストリッパーと可動ストリッパーがあることは6.1.5項で述べたが，さらに別の機能も付加でき，固定ストリッパーと可動ストリッパーではその内容が異なる．

固定ストリッパーには，パンチやパイロットをガイドする機能と打ち抜く材料をガイドする機能が付加でき，可動ストリッパーには，パンチやパイロットをガイドする機能と打ち抜く材料を押さえる機能が付加できる．

固定ストリッパーと可動ストリッパーの使い分けは，上述の機能が要求されるか否かで決定されるが，一般的な使い分けとして，固定ストリッパーには材料押えの機能を付加できないため，寸法精度が不安定なものや反りが厳しくないもので，板厚もあまり厚すぎないものに採用される．

通常可動ストリッパーは，スプリング（圧縮ばね）により作動させるが，スペース的にパンチやパイロットより外側の配置になるので，ストリッパーに反りや傾きを発生させない対策が必要である．特に，細いパンチやパイロットのガイド機能を持たせる場合やストリッパーをガイドする部品がない場合は，ストリッパー専用のサブガイドを入れたり，ダイセットのガイドポストをその機能と共用にした構造にするなどの工夫が必要になる．

また，生産量が多く長寿命をねらう場合は，熱処理をしたり，部分的に入れ駒などをして，強度の向上や摩耗対策を図る．

6.1.8 材料ガイド・パイロットの設計

材料ガイドとパイロットはその役割が多少異なるが，広い意味では打抜き材料を所定の位置に安定的に確保することである．

〔1〕 材 料 ガ イ ド

材料ガイドの機能は，上述のとおりであるが，パイロットと比較すると，その精度は悪い．種類は，形状的にピンガイドと板ガイドに大別され，さらに固定タイプと可動タイプに分類される．一般に，可動タイプは加工のしやすさから，ピンガイドを採用することが多い．

材料ガイドの設計に当たっての検討事項として，材料が挿入しやすいこと，材料の強度に負けない強度を確保すること，型の外側から材料の送り状態を目視確認できること，ミスフィード時にも型にダメージを与えず簡単に復元できること，薄い材料をリフトしながらガイドする場合は，材料がたわまないような配列をすることなどである．

材料はその形態（シヤー切断，コイル材）や材厚によって材料幅精度に差があり，さらにロットによってばらつきがある．設計のときは，これらを加味した余裕寸法をガイドに与えなければならない．このため，場合によっては安定的な材料供給をするため，スプリングで材料を一定方向に押し付けるなどの工夫も必要である．また，材料と材料ガイドはつねに接触し合っているので，熱処理や，必要に応じては超硬材をインサートして摩耗対策をする．

6.1 型　設　計

〔2〕パイロット

　パイロットの機能は，加工材料を精度良く所定の位置にガイドすることである．材料ガイドは，一般に比較的ラフな精度しか維持できないため，より高精度が要求されるものに対し用いられる．その用法としては，前工程で加工ずみの穴をガイドして二番作業に用いる場合と，順送型の中に組み込んでその目的を果たすものがあるが，基本的な考え方は同じなので，ここでは順送型を念頭に置いた設計について述べる．

　穴径に対するパイロットの寸法差（隙間）はできる限り少ないほうが高精度を得られるが，材料がパイロットに食い付いて材料送りができなくなったり，穴を変形させる場合もあるため，部品の要求精度に見合った寸法設定が必要である．一般には $0.03 \sim 0.05$ mm 程度の隙間を設けている．またパイロットのガイド部は，ほかの切れ刃よりも先行して材料に入るようにしなければならないが，通常打抜き材料の板厚に相当する長さを先行させている．先端の部分は，砲弾形とテーパー形があり，パイロットが穴に対しスムーズに挿入されるようにし，ガイド部とのつなぎの部分は滑らかな円弧でつなぐ．さらにメンテナンスや型の保護を考え，再研削時に簡単に取り外しできるようにしたり，長さの調整ができるようにすることや，ミスフィード（6.1.10項参照）時にパイロットで材料を打ち抜かないように可動形式にするなどの工夫も必要である．

　パイロットの強度，形状寸法，材質，処理などは，パンチの設計に準じる．

6.1.9　ダイセット，ガイドポスト，ガイドブシュの設計

　ダイセットの機能は，打抜き工具類の固定および精度保証とプレス機械への型取付け固定であるが，型全体の加工圧力に対する剛性維持の役割もしている．通常小形のダイセットはガイドポスト，ガイドブシュが装備された状態で標準化，市販されているものを利用する場合が多い．ダイセットはガイドポストの位置と本数により，図6.8に示すような形式と呼び方がある．大形のものや，高精度のダイセットなど一般仕様で満足できない場合は，独自の仕様で製作することも多く，この場合必要に応じてダイセットの厚さやガイドポスト

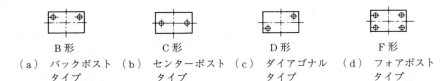

(a) B形 バックポストタイプ　(b) C形 センターポストタイプ　(c) D形 ダイアゴナルタイプ　(d) F形 フォアポストタイプ

図6.8 ダイセットの形式と呼び方

の本数，精度などを決定する．材質的にはスチール（SS材など）製が主流となってきたが，鋳物（FCなど）や，軽量化をねらったジュラルミン製などもある．

　特殊なダイセット形式として，上型を自由な状態にし，プレス機械からはその力だけを作用させる方式のフローティングタイプがあり，これは型がプレス機械精度の影響をほとんど受けないので，高精度を維持できる．

　ダイセットの選定は型の精度，剛性，プレス作業性などを考慮して選定する．

　ガイドポストとガイドブシュの機能は，精度良くプレート類の位置精度や動作を保証することである．ダイセットやストリッパーの位置出し，ガイドに用いられ，これも規格化された市販品を用いることが多い．材質は軸受鋼（SUJ材）が多く，高周波焼入れの後，研削やホーニング仕上げがされている．プレート類への固定は，圧入やねじ止め，接着剤（強化樹脂）などの方法が用いられているが，型のメンテナンスや精度を考慮して決定する．

　ガイドポストとガイドブシュの隙間は，プレーンタイプの場合，直径で10μm以下であるが，あまり精度が厳しすぎても焼付きの原因になる．

　作業性の向上や精度向上を目的として，ガイドポストとガイドブシュの間に熱処理された鋼球や鋼製ローラーを介在させた形式のものもあり，必要に応じて採用する．

6.1.10　ミスフィード対策

　プレス加工中に打抜き材料が送り不足の状態や，送り過ぎの状態になる現象をミスフィードという．一般には送り不足の場合が多いが，このような状態の

ときはパイロットに負担をかけたり，型の破損，さらには加工部品の不良につながる．

原因としては，かす上がりによる材料のひっかかり，材料と材料ガイド幅の不適性，打抜きによる型内材料の変形，パイロット先端が長すぎて材料送りのタイミングと合わない，材料の切断不良，コイル材料の蛇行，材料送り装置の動作不良などが考えられる．

根本的な対策は，このような原因を取り除くことであるが，プレス加工のスピードが早すぎるなど，現実的には対応が難しい場合が多い．特にかす上がりについてはその予測や対策が難しく，さまざまな対策方法が考えられているが，いずれの方法も万全ではない．

一般に実用化されているミスフィード検出は，マイクロスイッチや各種センサーを利用し，材料の有無や穴の有無などを電気信号として取り出し，プレス機械に伝達して停止させる方法が多い．また最近では，光学的なセンサーを利用したものや，これらを二つ以上組み合わせている型もある．

6.1.11 型部品の規格と設計

型の設計に当たっては，前記のような各項目内容に留意しながら行うことになるが，これらの型部品のうち，日常的によく使用される部品については，規格化されているものも多い．規格には**図 6.9**に示すように，各レベルの規格があるが，標準化を推進して，より上位のレベルに位置する努力が必要である．個々の具体的な寸法値の決定については長期的な視野に立って，できるだけ標準数を採用することが望ましい．特に，CAD/CAMへの展開を考えた場合には，一度構築したデータベースをメンテナンスするにはたいへんな労力と時間が必要であり，基本的な部分はその必要がないようにする配慮が必要である．

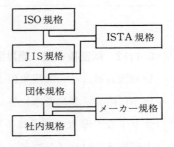

図 6.9 金型部品の規格

また標準化された市販の型製品も多く，その活用は型を安価に早く製作するための有効な手段である．

標準化のメリットは数多く考えられるが，型設計的には，おもに設計のスピードアップと設計品質の向上である．この標準化により，設計者があまり重要ではないと思われる部分の設計に対し注意を払わなくてもよくなり，その分，重要な部分の設計に注力できるようになる．

標準化で注意したいのは，「なぜ，そうなったか？」という考え方をはっきりさせて全員に徹底すること，実情に合った形にメンテナンスすることである．

表 6.5 にプレス型用 JIS 規格を示すが，これらも実情に合わせて順次見直しが図られている．

表 6.5　プレス型用 JIS 規格

規格番号	規格の名称	記　事
B5003	プレス型用シャンク	単独での流通は少なく，ダイセットとともに流通する例が多い
B5007	プレス型用ガイドポストおよびガイドブシュ	昭和 61 年 11 月制定，主としてインナーポスト用
B5009	プレス型用丸パンチ	A 形，B 形，C 形の 3 種，現在は C 形が主流
B5012	プレス型用コイルばね	昭和 61 年 11 月改訂，軽小荷重，極重荷重を追加
B5031	プレス型用ダイセット精度規格	
B5060	プレス型用スチールダイセット	BS，FS の 2 種呼び寸法も 10 サイズのみ
B5061	プレス型用平板部品	寸法は標準数を優先．ISO も同様
B5062	プレス型用ダウエルピン	
B5063	プレス型用ダイブシュ	

6.1.12　精密抜き型，簡易型

精密抜き型はせん断現象によって発生するだれや破断面，かえり，反りなどを極小に抑え，製品要求に答えようとするもので，一般に板カムやギヤ，スプロケットなど厚板の部品に多用されている．その加工法には，シェービング，仕上げ抜き，ファインブランキング，対向ダイスせん断法などがあり，一般の型に比べ表面精度，寸法精度，剛性などが要求されたり，特殊な型構造を要求さ

れるものもあるが，機械加工で生産されていた部品をプレス加工に置き換えることができればそのメリットは大きく，特殊な分野ではあるが利用価値は高い．

簡易型は，おもに多種少量生産に対応するための金型で，型費を極力抑えようとするものである．したがって，型寿命は短くてもよいので安く，早く作るための種々の工夫をしているが，主としてダイの加工法を簡略化したものが多い．型材の面では，鋼板やスチールルール，亜鉛合金，超塑性材を利用したものなどがあり，加工法の面では，ワイヤカット放電加工機やレーザー加工機を活用したものもある．

一般に，簡易型はプレス作業性に劣り，部品の形状や精度，大きさなどに一長一短があるため，それぞれの内容を把握した上で活用する必要がある．

6.2 型 材 料

型材料としては，鉄鋼材料と超硬合金やセラミックスのような硬質材料に大別することができる．ここでは，これらの一般的特徴と，特に超硬合金を使用する場合の選び方について述べる．

6.2.1 鉄 鋼 材 料
〔1〕合 金 工 具 鋼

（a）**SKS鋼**　　合金工具鋼：SKS鋼は，小・中量生産の型材料として幅広く使用されている．熱処理の際，油冷しなければ高硬度が得られないものがほとんどである．そのため，比較的寸法変化が大きいので注意する必要がある．しかし，中には空気焼入れが可能で変形量の小さい鋼種もある．また，火炎焼入れ鋼は加工後に酸素・アセチレンバーナーで加熱することにより簡単に硬化でき，肉盛り溶接も容易である特徴を持っている．

（b）**SKD鋼**　　合金工具鋼：SKD鋼は，耐摩耗性，靭性の両面のバランスの良い鋼種である．代表的なSKD 11（JIS）は量産用として，薄板から厚板加工用まで，最も広く使用されている．高温焼戻しにより，後加工のワイヤ放

電加工によるひずみを小さく抑えられることも特長である．しかし，一般的には被削性はあまり良くない．近年は，被削性や熱処理特性等が向上した鋼種が開発されている．

〔2〕 **高速度工具鋼**　高速度工具鋼：SKH 鋼は，合金工具鋼に比べて，比較的高温でも硬さが低下せず，耐摩耗性が高い．また，熱処理性も良好で高硬度における靭性も高いので，シャープエッジを必要とする型材料に広く利用されている．しかし，熱処理時の寸法変化は比較的大きいので注意を要する．

〔3〕 **マトリックスハイス**　高速度工具鋼に対してさらに靭性を高めたものがマトリックスハイスである．高速度工具鋼は基地（マトリックス）＋炭化物で構成されている．ただし，炭化物は，割れの要因の一つでもあるため，成分のレベルで炭素と合金元素の量を調整して靭性を高めたものを用いる必要がある．

〔4〕 **粉末高速度工具鋼**

粉末高速度工具鋼（粉末ハイス）は，組織が細かく，炭化物が細かく均一に分散しているために，靭性に優れており，被削性も良い．また，粉末冶金法で製造するため，高合金組成にすることができることから，高い硬さが得られ，耐摩耗性も高い．ピンホールを除去して，引張強さを向上させるためには，HIP 処理を行うとよい[6]．

表 6.6 に代表的な型用鉄鋼材料の一覧表を示す．

6.2.2　超硬合金材料

超硬合金が，大量生産用としてまた高精度や信頼性を維持するための型材料として広範囲に使用されるのは，同用途の鋼材と比較して，以下に述べるような優れた性質を有しているためである[8]．

(1)　工具鋼，高速度鋼に比較して，硬さが高く，優れた耐摩耗性を持っている．超硬合金は，そのグレードによって粉末ハイスと同程度の硬さのものもあるが，耐摩耗性は格段に優れている．これは，超硬合金の主成分である WC（タングステンカーバイド）の硬さそのものは変化せず安

表 6.6 代表的な型用鉄鋼材料 [7]

分類	国際規格関連鋼種 JIS	AISI	使用時硬さ (HRC)	日立金属	大同特殊鋼	ウッデホルム	神戸製鋼所	愛知製鋼	日本高周波
炭素工具鋼	SK 3	W1-10	58～61	YC 3	YK3			SK 3	K 3
合金工具鋼	SKS 1		55～62	SGT	GOA			SKS 3	KS 3
	SKD 1	D 3	〃	CRD	DC 1			SKD 1	KD 1
	SKD 11	D 2	〃	SLD	DC 11			SKD 11	KD 11
	SKD 12	A 2	〃	SCD	DC 12	RIGOR		SKD 12	KD 12
	SKD 61	H 13	40～50	DAC	DHA 1		KTD 2	SKD 61	KDA
	SKD 62	H 12	〃	DBC	DH 62		KTD 3	SKD 62	KDB
	SKT 4		35～50	DM	GFA		KTH 3		KTV
					GF4				
高速度工具鋼	SKH 51	M 2	55～63	YXM 1	MH 51				H 51
	SKH 55		57～65	YXM 4	MH 55				HM 35
	SKH 57		55～68	XVC 5	MH 57				MV 10
			57～68		MH 8				
			57～62		MH 24				
					MH 25				
			56～62	YXR 3					
			〃	YXR 4					
			57～66	YXM 60					
粉末ハイス鋼			58～66	HAP 10	DEX 20	ASP 23	KHA 32		
			65～68	HAP 20					
			64～68	HAP 40	DEX 40	ASP 30	KHA 30		
			66～69	HAP 50	DEX 60	ASP 60	KHA 60		
			69～72	HAP 72	DEX 80				

[注] 国際規格関連鋼種および各鋼材メーカーのブランドなどは厳密には同一ではなく、それぞれ類似規格を示す。

定しているためである．

（2） 弾性係数が鋼材の2～3倍もあり，非常に高い剛性を持っている．このことは，ICリードフレーム金型のような薄物パンチの加工においても，実際に使用する場合においても有利である．また，外部圧力に対して変形が少ないということは，高精度の製品を得ることができるということである．

（3） 圧縮強さが高く，工具鋼の約2倍のものもある．

（4） 高温での硬さが鋼材のように急激に低下せず，優れた高温強度を持っている．これにより，塑性加工時に金型表面に局部的に発生する高熱に対しても耐摩耗性を維持することができる．

（5） 熱膨張係数が小さく，鋼材の約1/2であるため，温度差による変形量が少ない．このため，金型温度が多少変動をしても，安定した製品精度を維持できる．

（6） 熱伝導率は工具鋼に対して約2倍も高いので，金型表面の局部熱による潤滑性の低下を緩和し，焼付きを防止できる．

（7） 弱点としては，鋼材と比べて引張強度，曲げ強度や靭性が劣る．せん断加工時にガイド等を使用して金型に横方向の力が働かないようにする配慮が必要である．

6.2.3 超硬合金の種類と特性値

　超硬合金とは，周期表中4，5，6族金属の炭化物を鉄系金属で結合したものである．型材料として，一般的に使用される超硬合金は，各種炭化物の中で最も弾性係数の高いタングステンカーバイト（WC）をコバルト（Co）で結合したものである．このWC-Co系合金は超硬合金の中で最も優れた機械的特性を有している．

　超硬工具協会では，JIS規格を包含したCIS規格として，型用などの耐摩耐衝撃工具用超硬合金を**表6.7**に示すようにV 10～V 60の6段階に区分し，その硬さ，抗折力（曲げ強さ）および成分（参考値）を規定している．

6.2 型材料

表6.7 耐摩耐衝撃工具用超硬合金の使用分類（超硬工具協会規格）

〔単位・wt%〕

使用分類記号	硬さ (HRA)	抗折力 〔N·mm²〕	金属成分 Co	硬質相成分 Wを主体とした硬質相
V 10	89 以上	1 200 以上	3～6	94～97
V 20	88 以上	1 300 以上	5～10	90～95
V 30	87 以上	1 500 以上	8～16	84～92
V 40	85 以上	1 900 以上	11～20	80～89
V 50	83 以上	2 100 以上	14～25	75～86
V 60	78 以上	2 300 以上	17～30	70～83

〔注〕 1. V 10 ～ V 30 までの使用分類記号および各数値は JIS B 4053 と同じである.
2. 使用分類記号を材種記号に使用してはならない.
3. 超硬合金製造業者によっては同一使用分類記号に対応して，複数の材種記号がある.

図6.10 に WC-Co 系超硬合金の Co 含有量による各種特性を示す.

表6.8 に代表的な型用超硬合金の材種と特性値を示す.

この材種系列のおもな特徴は下記のとおりである.

（1） 耐摩耗用合金は，WC 粒度が微細で硬さが高い特徴を持っているため，高い耐摩耗性と高い弾性係数，圧縮強さを生かせる用途に使用される.

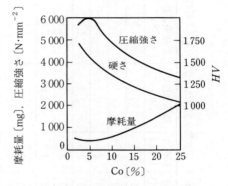

図6.10 WC-Co 系超硬合金の Co 含有量による各種特性[11]

（2） 耐衝撃用合金は，WC 粒度が中～粗粒で靭性と耐衝撃性に優れ，厚板のせん断等の用途に使用される.

（3） 超微粒子，微粒子は，高硬度を維持しながら耐微小チッピング性を向上させた合金で，微小なクリアランスを使用する紙や極薄板のせん断の用途に使用される.

表 6.8 代表的な型用超硬合金の材種と特性値 [12]

分類	材種記号	CIS分類記号	比重	硬さ (HRA)	抗折力 [GPa]	破壊靭性値 [MPa]	熱膨張係数 [$\times 10^{-6} K^{-1}$]	熱伝導率 [$W(m\cdot K)^{-1}$]	圧縮強度 [GPa]	ヤング率 [GPa]	ポアソン比
耐摩耗用	D1	VM-20	15.0	92.5	2.1	10.1	4.9	71	6.0	630	0.21
	NC2	VM-30	15.0	91.0	2.5	12.0	5.0	84	5.8	620	0.21
	D2	VM-30	14.9	91.5	2.5	10.9	5.1	71	5.0	610	0.22
	D3	VM-40	14.7	90.0	2.9	13.5	5.3	71	4.8	580	0.22
	NC6	VM-30	14.4	91.0	2.8	11.3	5.5	85	5.4	600	0.22
	NC8	VM-40	14.3	89.5	3.0	13.1	5.8	89	5.0	550	0.22
	KG60	VM-50	14.1	87.5	3.2	17.2	6.0	63	4.2	520	0.22
	NC10	VM-50	14.0	88.5	3.3	14.4	6.0	77	4.7	525	0.23
	NC4	VC-50	14.5	88.5	3.0	17.4	5.5	112	4.3	570	0.21
	NC12	VC-60	14.0	86.5	3.0	18.3	6.2	101	4.2	520	0.23
	DHR8H	VU-70	13.9	84.0	2.4	25.5	-	-	3.5	510	0.23
耐衝撃用	GD206	VU-70	13.7	83.5	2.6	27.2	6.6	63	3.0	490	0.24
	NC14	VC-60	13.5	85.5	3.0	21.7	6.7	83	3.6	480	0.24
	NC13	VM-60	13.4	87.0	3.2	18.0	6.7	77	4.3	480	0.24
	NC16	VM-70	13.3	84.0	2.7	24.0	6.7	86	3.4	465	0.24
	NC18	VU-70	13.0	82.0	2.7	28.0	7.3	80	3.2	440	0.24
超微粒子	FB10	VF-10	14.0	93.5	3.5	9.5	5.6	50	6.9	550	0.21
	FB20	VF-30	13.6	91.5	3.8	12.0	6.2	44	6.2	500	0.22

表6.9 プレス金型用超硬合金の使用選択基準（超硬工具協会規格）

大分類	品名および分類		V10	V20	V30	V40	V50	V60
			大←耐摩耗性→小 小←耐衝撃性→大					
絞り型	絞りダイ	荷重の小さいとき	■	■	■			
		荷重の大きいとき			■	■	■	
	絞りパンチ	荷重の小さいとき		■	■	■		
		荷重の大きいとき				■	■	■
粉末成形金型	外型	丸形	■	■	■			
		異形		■	■	■		
	パンチ					■	■	■
ヘッダーダイ	荷重が小さいもの	単純形状のもの			■	■		
		複雑形状のもの				■	■	
	荷重が大きいもの	単純形状のもの				■	■	
		複雑形状のもの					■	■
抜き型	ダイ	荷重の小さいとき	■	■				
		荷重の大きいとき		■	■			
	パンチ	荷重の小さいとき			■	■		
		荷重の大きいとき				■	■	■

6.2.4 型用超硬合金材種の選び方

プレス金型用超硬合金材種の選び方について，CISで**表6.9**のように使用選択基準が示されている．**表6.10**は，CIS分類記号の新旧比較である．表6.10のCIS記号について補足する．**表6.11**に示すように，1桁目の記号は結合に使用している金属（バインダー）を表す．2桁目は，使用しているタングステンの粒度を示す．4, 5桁目以降は，その超合金の硬さを表し，数字が小さいものほど硬度が高い．各社により材種の呼称が異なるため比較の際の参考とされたい．

ここで，それぞれの用途において，材種が複雑

表6.10 CIS分類記号の新旧比較

CIS分類記号	
新	旧
VM-10	V 10, K 01
VM-20	V 10, K 10
VM-30	V 20, K 20
VM-40	V 30, K 30
VC-40	V 30, K 30
VC-50	V 40
VU-60	V 40
VU-70	V 50
VU-80	V 60
VF-10	—

表 6.11 CIS 分類記号の見方

(a) 1桁目

記号	結合相成分
V	Co
R	Co/N
N	Ni

(b) 2桁目

記号	WC 平均粒度
F	1.0 未満
M	1.0 以上 2.5 未満
C	2.5 以上 5.0 未満
U	5.0 以上

(c) 4, 5桁目

記号	公称硬さ (HRA)
10	93 以上
20	92 以上 93 未満
30	91 以上 92 未満
40	89 以上 91 未満
50	87 以上 89 未満
60	85 以上 87 未満
70	82 以上 85 未満
80	82 未満

例) V F — 1 0
　　1桁目 2桁目 3桁目 4桁目 5桁目

<u>CIS 019 D-2005（超硬工具協会規格）</u>

にわたっているのは，使用条件，設計条件，金型部品加工条件が，それだけ変化に富んでいるためである．その中で，特に硬さと靭性は背反関係にあるので，どちらにどの程度重点をおくのか，用途によりよく見極めて選定することが重要である．どちらかといえば，最初は耐摩耗性の面は若干犠牲にしても，靭性に対して余裕のある材種を選定したほうがよい．

6.2.5　セラミックス材料

構造材料として開発されてきたファインセラミックスの中で，優れた機械的特性を持つ Si_3N_4，SIALON などの非酸化物系と ZrO_2 や ZrO_2 と Al_2O_3 とを組み合わせた酸化物系セラミックスなどが型材料として使用されている[9]．

表 6.12 に代表的な型用セラミックスの種類と特性値を示す．

表6.12 代表的な型用セラミックスの種類と特性値（一例）[10]

分類	Al_2O_3 系	ZrO_2 系	ZrO_2 系	Si_3N_4 系
材種名	LXA	RX 10	RX 55	FX 950
主成分	Al_2O_3	ZrO_2	ZrO_2, Al_2O_3	Si_3N_4, Y_2O_3
密度 $[g \cdot cm^{-3}]$	4.0	6.0	5.2	3.3
粒度 $[\mu m]$	～3	～1	～1	～3
硬さ (HV)	2 000	1 350	1 500	1 600
抵抗強度 $[N \cdot mm^{-2}]$	500	1 500	2 000	950
破壊靭性値 K_{IC} $[MN \cdot m^{-3/2}]$	3.3	9.8	6.8	7.0
弾性係数 $[10^4 N \cdot mm^{-2}]$	3.9	2.1	3.0	3.0
熱膨張係数 $[10^{-6} \cdot ℃^{-1}]$	7.9	9.2	8.6	3.6
熱伝導率 $[kcal \cdot m \cdot h \cdot ℃]$	14.4	2.5	—	16.6

6.2.6 表面処理

近年では，金型の耐摩耗性や耐焼付き性向上のために金型表面に表面処理を行うことがある．表面処理の種類と特徴を**表 6.13** に示す．

表6.13 表面処理の種類と特徴

	窒化	TD処理	CVD	PVD	DLC
形成層	Fe-N	VC	TiN・TiC・TiCN・TiAlN		カーボン薄膜（アモルファス構造）
表面硬さ (HV)	1 000～1 400	3 200～3 800	2 300～3 800	2 000～2 600	3 000～5 000
母材のひずみ発生	○	△	△	◎	◎
密着性	○	◎	○	△	△
耐摩耗性	○	◎	◎	△	◎
摩擦係数	—	—	0.1～0.5		0.05～0.2
処理温度 $[℃]$	450～600	850～1 050	900～1 000	450～550	150～200
適用材料	鋼	鋼	鋼・超硬		

窒化は，アンモニア等のガスを利用して金型の表面に窒素を拡散浸透させて化学変化で硬質の窒化物を形成して表面を硬化する表面処理である．ガスをプラズマ化して処理を行うプラズマ窒化も行われている．

TD処理は，ワークを電気炉で 850～1 050℃ に熱した溶融塩浴中に1時間から10時間浸すことにより，表面に炭化物層を形成する表面処理である．処

理後に焼入れや焼戻し処理を行う．TD処理後の冷却を利用して焼入れを行うことも可能である．

PVDとCVDは，蒸着で皮膜を形成する表面処理である．

物理的反応を利用したものがPVDで，化学的反応を利用したものがCVDである．最近は密着性も向上し，広く金型の表面処理に利用されている．精密金型の表面処理には，処理温度が低く，変形と寸法変化の少ないPVDが使用されている．皮膜の種類もいろいろな特性を持ったものがあり，加工に合った皮膜を選択することが重要である．

最近の表面処理としてはDLC（ダイヤモンドライクカーボン）がある．PVDやCVDと同じく蒸着により皮膜を形成する．皮膜の構造は，結晶粒界を持たない非晶質（アモルファス）構造であるため非常に平滑な表面が得られる．カーボン材料の物性と相まって優れた摩擦摩耗特性を持つ．しかし，密着性が他の表面処理と比べて悪く，またカーボンの性質から耐熱温度が低い．

TD処理も含めた窒化＋CVDなど異なる表面処理を組み合わせる多層の表面処理も行われている．

6.3 型　製　作

せん断型はプレス加工の中で最も基本となる金型である．製作に当たり考慮することは，生産数量と金型形式および刃物材質である．生産数の非常に多いモーターコア（**図6.11**参照），リードフレーム（**図6.12**参照）に代表される

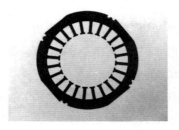

図6.11　モーターコア

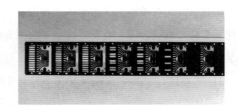

図6.12　リードフレーム

表 6.14 せん断型の生産数量と型形式

等級＼項目	AA	A	B	C	D
生産数量	500 000 以上	100 000～500 000	30 000～100 000	1 000～30 000	1 000 以下
品質　精度	高	高	標準	標準または標準以下	標準または標準以下
打抜き材　鉄板	0.025 t 以下	0.05 t 以下	0.05～0.1	0.05～0.1	0.1 以上
鋼板・アルミ板	1.6 t 以下	1.6 t 以下	1.6 t 以下	1.2 t 以下	
おおよび板厚　ステンレス鋼板	3.2 t 以下	3.2 t 以下	3.2 t 以下	2.4 t 以下	
	1.0 t 以下	1.0 t 以下	1.0 t 以下		
刃物材	1. 超硬 (D-30, D-40) 2. ハイス (SKH-51, SKH-57) 3. SKD-1, SKD-11	1. SKD-1, SKD-11 2. SKS-3, SKS-31	1. SKS-3, SKS-31 2. (プレハードン)	1. プレハードン 　(HPM-2Tその他) 2. SKS-3, SKS-4, ガス焼き 3. 簡易型	1. SK-3, SK-4, ガス焼き 2. 簡易型
型形式	1. サブプレス型 2. 総抜き型 3. 順送型 4. 多列抜き型	1. 総抜き型 2. 順送型 3. 多列抜き型	1. 総抜き型 2. 順送型 3. 単一抜き型	1. 総抜き型 2. 単一抜き型 3. 汎用型 4. ユニセット	1. 単一抜き型 2. 汎用型 3. ユニセット 4. 簡易型
ダイプレート　形式	割り型 (一体)	割り型 (一体)	割り型一体	一体 (割り型)	一体
仕上げ	全研磨	研磨, 放電, ワイヤ放電ほか	研磨, 放電, ワイヤや放電ほか	フライス放電, ワイヤ放電ほか	ワイヤ放電, 共的加工
ストリッパープレート	・焼入れ ・焼入れインサート ・ポンチガイド	・焼入れインサート ・ポンチガイド	・セミハード(プレハードン) ・焼入れなし ・ポンチガイドまたはフリー	・焼ハードン ・フリー ・ゴム	・ゴム ・固定式 ・他
バッキングプレート	焼入れ	焼入れまたは	鋼板またはなし	なし	なし
クリアランス	標準より小	標準またはJIS	8～10 軟鋼 8～15 ステンレス	標準より多い	標準より多い
価格比率 (参考)	200～500	120～150	100	60～90	30～50

金型は超硬合金を使用している．また端子やラジオカセット用シャシなどの金型には，粉末高速度合金（ハイス），ダイス鋼などが使用されている．これらの金型は，被加工材との関係を考慮し刃物材質が決められる．少量生産の金型ではプレハードン鋼，工具鋼のバーナー焼入れなどにより安価で早く作る方法がとられている．最近，ワイヤ放電加工機の普及により，複雑形状の加工も容易にできるようになってきたが，まだ高級型といわれる分野での実績は少なく，従来からの研削による分割方式が主流である．ストリッパープレートは，少量生産型から大量生産型となるに従い重要性が増し，熱処理を施した研削仕上げのものが製作されている．表 6.14 はせん断型の生産数量と型形式を示したものである．

引用・参考文献

1) 編集委員会：プレス加工データブック，(1980)，316，日刊工業新聞社．
2) 編集委員会：同上，(1980)，5，日刊工業新聞社．
3) 塑性加工専門委員会：精密機械，**25**-11 (1959)，601-629．
4) 文献1) の 44-46（ただし原典は Schuler 社，Bliss 社資料）．
5) 吉田弘美ほか：金型設計基準マニュアル，(1986)，240，㈱科学技術センター．
6) 太田哲：プレス技術，**26**-4 (1988)，21．
7) 株式会社ミスミカタログより抜粋．
8) 山下明雄：プレス技術，**27**-1 (1989)，18．
9) 青木勇ほか：塑性と加工，**29**-333 (1988)，1017-1023．
10) 小林正樹：タンガロイ誌，**28**-35 (1988)，74．
11) 鈴木寿：超硬合金と焼結硬質材料，(1986)，119，丸善．
12) ダイジェット工業株式会社カタログ．

* 小川秀夫ほか：「プレス加工用金型の製作に係る技能」順送型の製作マニュアル，(2000)，中小企業総合事業団．
* 小川秀夫ほか：プレス加工用金型の組立・調整マニュアル，(2000)，中小企業総合事業団．
* 青木勇ほか：プログレッシブプレス金型設計マニュアル，(2000)，中小企業総合事業団．

7 せん断機械

7.1 プレス機械

　せん断加工を行うプレス機械は,対象材料によって形式あるいは機能が異なる.せん断加工を伴う加工には,つぎのような作業があり,それぞれの作業に合ったせん断機械が選択される.

（1）　コイル材を巻きほぐしながら一定の長さに切る作業を,定尺せん断加工という.この加工を行う機械を定尺せん断ライン,もしくは,単にシヤーラインという.

（2）　定尺せん断加工された定尺材料をさらに小さく切り分ける,短尺材せん断加工がある.最近は数値制御装置で自動化された送り装置付きのシヤーが用いられることが多い.

（3）　コイル材をロール成形装置で連続的に成形しながら,一定の長さにせん断する機械がある.ロール成形装置は連続的に運転されるので,走行成形された連続材料を,停止させることなくせん断する必要がある.そのため,せん断機械の刃物は,せん断中は通過する材料と同じ速度まで加速され,相対速度0のまま走行しながらせん断作業を終わる.用いられるせん断装置を走間せん断機,もしくは,フライングシヤーという.

（4）　コイル材料を切断型あるいはブランキング型で,必要な形に切断したり,ブランキングするせん断加工機械および装置をブランキングラインと呼び,用いられるプレスをブランキングプレスと称す.

(5) プレス成形中の穴あけ，切欠き，外形抜き，分断作業もせん断加工である．これらのせん断加工は特別のプレスではなく，どのようなプレスを用いても加工が可能であり，多くの場合，自動化されたプレスライン内で実施されるが，人手作業による場合もある．自動化されたせん断加工には，材料がつながった状態で自動的に加工されていくプログレッシブ加工，一つひとつ切り離された状態で加工されていくトランスファー加工，ロボット加工などがあり，自動化の方法によって呼び名が異なる．そして，それぞれの自動化の方法に適したプレスが選択されるが，前項までのせん断機械ほどは専用的ではない．

7.1.1 せん断加工に用いられる材料

せん断加工に用いられる材料はプレス加工用材料のすべてが適用でき，金属，非金属に限らず，少しでも延性があればせん断加工が可能である．金属では，鉄系および非鉄系であっても材料の引張強さが工具の引張強さより大きくない限り，プレス加工が可能である．鉄系では，引張強さが $1\,500\,\mathrm{N\cdot mm^{-2}}$ 以下の普通炭素鋼，ばね鋼，ステンレス鋼や各種の合金鋼が対象となる．非鉄系では，銅合金やアルミニウム合金が多く，鉛，チタン合金などもプレス加工に用いられている．非金属ではプラスチックが多い．中でもプリント基板が大量生産品の部類に入る．

材質は上記のとおりであるが，せん断加工されるときの材料の形状はコイル材，定尺材（正方形または長方形に切りそろえられた材料），特定の形状に加工されているブランク材などさまざまである．

通常の材料の表面は金属の地金のままなので，プレス加工後めっきや塗装が施される．しかし，最近では，プレス工場の公害対策設備や無公害化費用を軽減するため，あるいは，特殊な表面処理をしないですむように，あらかじめ材料メーカーが材料に塗装やめっき，あるいは，コーティングなどの表面処理をした材料を用いる場合もある．また，銅合金，ステンレス鋼，アルミニウム合金などは材料の運搬時の加工時のきず発生を防止するためのビニルなどのフィ

ルムを貼り付けたものがあり，プレス加工終了時，あるいは，組立て終了時まで維持される．時には，そのまま購入者へ納品される場合がある．

　これらの塗装，めっき，コーティングやフィルムは数μmの厚みしかないが，接着技術の向上によって，よほど鋭利なものでこするか，高い圧力で成形しない限り，プレス加工中に剥離したり，破れたりすることはない．

7.1.2　せん断加工時の加工温度

　通常，プレス加工は室温（冷間）で加工がなされるが，材質によっては強度が高く，加工する金型に強度上の問題がある場合には，温度を高めてプレス加工することがある．例えば，熱間鍛造，温間鍛造である．このように高い温度で行うプレス加工ではせん断加工も高温下で実施されることが多く，低くても加工時の熱が残っている間にせん断加工が行われる．室温に戻してからせん断加工するのはまれである．

　上記は材料強度が高く成形し難いという理由から加工温度を上げて行う場合であるが，材料がもろく，高度な成形やせん断が実施できない場合にも，温度を上げて加工する場合がある．温度を高めてせん断加工するものに，電気回路用のプリント基板がある．プリント基板は合成樹脂（エポキシが多い）の中にガラス繊維を積層しているため，割れには強いが室温では細かい亀裂が発生したり，穴あけ部分の縁周辺に欠けが発生しやすい脆性材料である．このため加工時に割れが入らないように，加工直前にプリント基板全体を100℃以上に加熱して加工している．

7.1.3　プレス機械以外の機械によるせん断加工

　プレス加工は金型あるいはせん断工具を使って，材料を機械的な力で分離・切断する作業であるが，せん断加工をプレス機械以外でも行うことができる．プレス工場で行われる切断加工には，最近ではレーザー光線の光エネルギーで材料を溶融温度まで加熱するとともに，二酸化炭素やプロパンガスを加熱部分に供給し，材料の酸化と発熱を促進して，精度の良い溶断を行うせん断もある．

レーザー光線のほかに熱を加えてせん断するものに，プラズマせん断がある．イオン化された，高温で微小直径のガス流をプラズマ現象で作り出し，発生する高温のガスと補助ガスを使って溶融せん断する加工法である．せん断幅も改善されレーザー並みのせん断精度が得られるようになった．

　レーザー切断やプラズマ切断のように熱を加えるせん断のほかに，高圧で微小直径のジェット水流でせん断する加工法もある．せん断部分に熱を加えないので，熱ひずみや焼入れ硬化などが発生しないため変形のない高精度のせん断も可能である．

7.1.4　せん断加工に用いられる設備

　せん断加工は，せん断すべき「材料」と「金型もしくは工具」と「加工機械」の，いわゆる，「加工の3要素」が必要である．

　材料についてはほかの項でも詳細に説明されているので，本項ではせん断加工に用いられる「金型もしくは工具」と「プレス機械とその周辺装置」，その他の設備について述べる．

　せん断加工機械の種類には，「プレス機械，シヤー（せん断機，フライングシヤー），レーザーカットマシン」などがあることはすでに述べたとおりである．プレス機械は数あるせん断加工機械のなかでも特に多く，いずれのプレス工場にも必ず存在する「汎用せん断機械」である．せん断機（シヤー）はプレス加工用材料作りが中心になるため，プレス工場での設備台数が少なく，シヤー加工を専門にしている工場，または，筐体あるいは盤類を専門に作っている工場に集中している．レーザーカットマシンも筐体などそれに類した製品を作る工場におもに設置されており，その対象加工物もシヤーのそれに似ている．近年はシヤー（打抜き）とレーザーカットを1台で行う複合機も使用されている．

　本項ではせん断機械をプレス機械を中心にし，特に，高速自動プレス機械について述べる．

〔1〕 プレス機械

プレス機械はきわめて汎用性の高い工作機械である．加工する成形品の形状に合わせて，金型あるいは工具を取り替えれば，板状の成形品でも，絞り成形品でも，曲げ成形品でも，自由に加工内容を変化させることができる．しかし，汎用性があるとはいっても，板のように薄い加工品を高速・高精度で加工する場合と，絞り成形のように背の高い成形品を比較的低速度で加工するような，せん断以外の加工とではプレスの仕様が大きく異なる．

両方の典型的なプレス機械を**図7.1**と**図7.2**に示し，この項では図7.2の高速・高精度加工を行う自動プレスについて述べる．薄板帯状（コイル材）や板状（定尺材）の材料を加工するプレス機械を通常自動プレスまたは自動打抜きプレスと称している．

図7.1 マルチサスペンションプレス
（モーターコア加工用設備）

図7.2 リンク式高速精密プレス

自動プレスというと，自動化装置を付けたプレス機械のすべてを指すような用語であるが，現在では，自動プレスは「コイル材を高速で，かつ，精密金型を使って加工するプレス機械」を指し，トランスファー送り装置やダイヤルフィード式送り装置，ロボット式送り装置付きプレスは，送り装置の名をそのままプレスの頭に付けて，例えば，トランスファープレスのように称している．自動プレスに使われる大部分の送り装置はロールフィード式送り装置であ

るが，ロールフィードプレスとはいわない．

自動プレスによって行われるプレス加工は，プログレッシブ加工，または順送加工ともいわれ，順送（プログレッシブ）金型を用いたコイル材の高速加工である．このため，自動プレスの別名はプログレッシブプレスである．ここで，順送加工用金型を簡単に説明する．一つの金型セットの中に数種類の加工工程の金型が，必要最低限の金型ピッチで組み込まれており，一つの金型セットですべての加工が行える金型を順送金型という．

順送金型は，材料をつないだまま金型の中へ送り込み，連続的に加工を行うので，材料を高速，かつ高精度で送ることができる．

（a） **自動プレスの構造**　　自動プレスは，中厚帯板を精密に 200 spm 以下の中速で加工するプレスと薄帯板を精密にストローク数 200～800 spm 程度の速度でおもにモーターコアを加工するプレス，さらに薄帯板を 1 000 spm 以上の超高速で加工するプレスに分類される．超高速プレスではおもにコネクター等の電機部品が製造されている．

1）**スライド駆動機構と動的平衡機構**　　図 7.3 に超高速あるいは高速プレス機械のスライド駆動機構を，図 7.4 に汎用プレス機械のスライド駆動機構を示す．明らかな違いは，クランク軸周辺の動的平衡（ダイナミックバランス）にある．汎用プレスのように単純にクランク軸とコネクチングロッドを組み合わせた（図 7.4 参照）プレスでは，スライドおよび金型という大きな質量

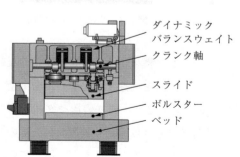

図 7.3　超高速あるいは高速プレス機械のスライド駆動機構

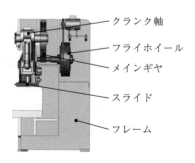

図 7.4　汎用プレス機械のスライド駆動機構

があり，上下動する重量アンバランスと，コネクチングロッドを振り回すときの回転アンバランスは高速回転時の前後および上下の強い振動の原因となる．激しい場合には，プレス機械を基礎に固定している基礎ボルトが破断する事故が過去にはあったという．モーターコア用プレス，および超高速プレスではこのアンバランス質量を100％近く平衡させているが，速度の低い自動プレスでは 60～80％程度を平衡させている．これは期待効果と防振装置の費用との比較で選択される．

　スライド駆動機構の二つ目のポイントは，クランク軸などの軸受方式である．高速で，大荷重を受けながら，高精度で回転しなければならない軸受はプレスの機構のなかでも苛酷な条件下で使われながら，精度を長年にわたって維持しなければならないため，高度な設計技術と製造技術を必要とする．通常はブッシュ方式の軸受が用いられるが，軸と軸受の隙間を極力小さくするために，一部にはローラーベアリングを使ったプレス機械も実用化されている．

　ローラーベアリングの転動体はローラーのため，軌道輪との接触部分が線接触（細い面）のため，耐荷重に制約があり，必ず寿命があるという特徴がある．プレスの負荷能力が大きくなるとローラーベアリングの転動体の数，径，そして軌道輪の径も大きくなるため，プレス能力としては 1 000 kN 程度までが一般的である．

　一方，すべり軸受のなかには隙間を小さくするために，鋼のリングの内側に薄い銅系の軸受材料を遠心鋳造法等で一体化させた二層構造軸受がある．軸受全体として見た場合，ほぼ鉄系材料のため，温度が変化しても軸受の隙間は変わらないといった優れた特性を持っている．

　また，油膜圧力により軸を保持するためにコンパクトで高い負荷能力が得られるために，小形から大形の高速プレスまで幅広く使用されている．

　2) スライド案内機構　スライド案内機構はプレス加工時の金型のかみ合い精度に非常に大きく影響するため，さまざまなスライド案内方式が開発されてきている．スライド案内機構はプレス加工によって発生する大きな偏心荷重（プレス加工時にプレスに作用する荷重は，ほとんど左右，前後に偏心荷重

となって加わる）を受けながら，上下動するスライドを，ボルスターに対して直角に，かつ面は平行に運動させなければならない．このためスライドガイドには，大きな耐偏心荷重剛性が要求される．さらに，案内精度を高めるためには，スライド案内機構とスライドの間の隙間が小さいことが必要である．スライド案内機構には摺動部材方式と球体やローラー等の転動体を介して案内する転がり方式がある．高速自動プレスでは，高い案内精度と発熱を小さく抑える必要性があるため，転がり方式が一般的である．スライドの案内方法にも種類がある．

まず，図 7.5 に示すようなスライドの側面を前後，左右方向から案内するニードルベアリング式 8 面プリロードガイドがある．この方法はスライドの下部から上部までの長いスパンでガイドするために耐偏心荷重能力が高い点が特徴である．

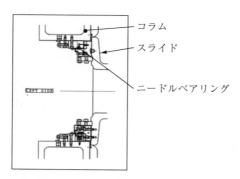

図 7.5　ニードルベアリング式 8 面プリロードガイド（断面）

図 7.6　ゼロクリアランスポストガイド

図 7.7　ポストガイド内部のニードルローラーユニット

一方，**図 7.6**，**図 7.7** に示すようなポストガイド方式がある．この案内方法では材料パスラインと同じ高さをガイドするために，金型のチッピング防止や研磨サイクルを伸ばす効果が期待できる．

3) **スライド調整機構**　高速自動プレスのスライド調節装置にはスライドロック機構が装備されている．これは，高速で打抜き作業を行った場合，振動によりスライド調節ねじ部分に油膜が形成されて回転し，スライド位置が変化してしまうのを防止するためである．プレスを運転するときにはスライド調節ねじを油圧により固定し，スライド調節を行う際にはその油圧を開放してスライド調節を行う構造になっている．

最近では下死点自動補正装置と呼ばれる装置を装備したプレスもある．これはプレスの下死点を検出するセンサーとサーボモーターによるスライド調節駆動機構を備えており，下死点をいつも一定に保ち，プレス製品の精度を維持するための装置である．スライド調節をサーボモーターで行っているために，下死点位置の補正のほかに，ダイハイトの自動設定を行うことも可能である．

4) **プレスフレーム構造**　プレス加工は材料の大きな塑性変形能を利用した加工である．逆に，プレスと金型は変形しないことを望みながら，そうした材料がないため，それぞれの弾性変形をやむを得ず許容している．しかし一方では，この弾性変形が時にはプレスを破壊から守ってくれているのも事実である．プレスは高い荷重（しかも，ほとんどが偏心荷重）を受けながら運転される．プレス機械を設計する際，そのプレスに要求される特性によって，あらかじめ許容できる弾性変形量が決められる．自動プレス機械では，プレスフレーム構造として変形がきわめて小さく，左右前後に差が出にくいストレートサイド形を採用する場合が多いが，加圧能力が小さい（500 kN 以下程度）プレス機械では，プレスの横から見て英字のＣの形をしているＣ形フレームを採用する．

ストレートサイド形のプレス機械では変形量を表す目安の一つとして，スライドやベッド（ボルスターを含めて考える場合と含めない場合がある）の負荷時の変形量を用いる場合がある．この場合の負荷条件は，フレームを強固に固

定しているタイロッド（大きなスタッドボルト）の中心間距離の2/3にプレスの公称能力を等分布に作用させた場合とする（これは必ずしも実際のプレス作業条件と同じではない）．

　剛性はそのときの中心間距離とスライドやベッドのたわみ量との比で表現される．高速自動プレスではこの比は 1/10 000 ～ 1/20 000 の値が使われる場合がある．プレス機械の剛性を高めるとともに，金型の剛性も高くすることが不可欠である．金型は小さな部品の集積であるので型剛性の低下が避けられない．特に，下型は成形品やスクラップを落とすための穴をあけたり，また，下型の中にそれらを型外に排出するためのコンベアやシュートなどを入れる場合が多い．このため，型の荷重を支える部分の剛性が低下してしまう．このような金型は型自体の変形が大きくなり，成形品の加工精度が悪くなる．したがって，剛性をスライド，ヘッド，フレーム等のプレス構成部分のみで評価するのではなく金型を含めて考える必要がある．金型の費用を低下させるためにダイプレートなどの型の剛性を負担している部分の寸法を小さくする傾向にあるが，これは高精度・高速加工の目的に逆行する．剛性が低いと成形品の精度が悪くなるほかに，振動や騒音公害の発生原因にもなる．プレス機械の高剛性化と同時に金型の高剛性化が高精度・高速加工には必要である．

（b）　プレス機械と回転速度

1）　高速化に対するスライドストローク長さの影響　　自動プレス機械と深い絞りや曲げ成形をする汎用プレス機械とを比較した場合，仕様の上で大きく異なるところは，ストローク長さと回転数である．平らな板状材料の加工品の場合の自動プレスに必要なスライドストローク長さは，材料の出し入れに最低限必要な金型開きストローク長さと，板の厚さの約2倍の加工パンチストローク（自動送り装置の送りタイミングを考慮した場合は，最低限それらの合計ストロークのさらに2倍のストローク長さ）があればよく，プレスのストローク長さは汎用プレス機械に比べて大幅に短くてよい．ストローク長さは短ければ短いほどよい．すなわち，ストロークが短ければクランク軸の偏心量も小さくなるので動的バランス上も好ましく，機械全高も低くできる．これはプ

レスフレームの伸び変形を抑える効果があるためである．実際には，浅い絞りや曲げ加工が組み合わされるので，20〜50 mmのプレスストロークは必要であるが，汎用プレスのスライドストローク長さは200〜600 mmが多い．

前項で述べているように，高速精密プレス機械は高速で回転させるための種々の機構を工夫し，かつストローク長さが短いことが必要な条件である．しかし，後述する送り装置の送り精度のばらつきを修正するパイロットピンと，コイル材と送り装置との相互関係から，パイロットピンの作動ストロークも必要となる．このため実際のプレスストローク長さは前述のように20〜50 mmとなっている．

プレス機械の種類によっては，ストローク長さを変更できる二重偏心機構をクランク軸に設けているものもある．この機構はどうしてもクランク軸周辺の構造物を大形化するので，日本では使われることが少ない．ヨーロッパでは自動プレスに限らず汎用プレスにも可変ストロークのプレス機械が多い．この二重偏心機構を利用して，運転時はショートストロークで行い，金型を点検するときに偏心部分を動かして上型を大きく開けるようにしたプレスもある．

2） 高速化に対する金型の影響　加工システムは成形品から見て精度の変化がなく，安定していることが不可欠である．金型の役割は形状を材料に正確に塑性転写することであるため，金型の精度の善しあしが成形品の精度に大きく影響する．しかし，前述のように金型の剛性面での問題を解決しないまま，あるいは金型の仕様条件に合致しないまま運転していることが多い．

高速化での金型の注意点の一つに，材料押え板（ストリッパープレート）の剛性と振動設計がある．剛性は前述のとおりであるが，振動に対する配慮に欠けることが多い．ある重さを持った材料押え板は組み込まれたばねによって材料を押さえるため，プレス運転時には材料をたたくようにして押さえるとともに，たたくときに材料の上で弾んで振動している．

車でいうところの「ばね下慣性」とばねの強さと材料押え板の重さとの関係で決まる「ばね振動」の問題になる．当然，振動であるから運転速度をある範囲に特定して極力共振しないように設計される．したがって，プレス加工はそ

の運転数（spm）にできるだけ早く達するように増速するとともに，その運転数の範囲で運転しなければならない．

3） 高速化に対する送り装置の影響　プレス高速化を阻害する要因に送り装置の構造と送り精度がある．高速自動プレスがおもな対象とする典型的な加工品は，ICのリードフレームのように送り精度のほかにプレススライドの下死点精度が問題になる場合，小形モーターやマイクロモーターの積層コアのように金型の中で1個分のコアを塑性加工技術を利用して結合，組み立てるもの，コネクター端子類のように成形した後に一つひとつ切り離さずにリールに巻き取る場合（ICのリードフレームも同じ）などがある．近年は，自動車用としてEV，HV用の大形モーターコアも増えている．いずれも板厚が0.1～2.0 mmの薄板帯状のコイル材で供給される．

使用される送り装置は，毎分600～1 800回を超える高頻度起動と停止を行うため，初期の精度が良いことはもちろんであるが，その精度が長年にわたって維持できることが必要である．一般的には，ロールフィード装置，グリッパーフィード装置，ロールグリッパー組合せフィード装置が高速に耐えるので使われるケースが多い．プレス運転数が1 800回を超える場合もある．

加工品が変われば金型の交換とともに，送り長さの変更も必要で，最近では，モーターを利用して押しボタン操作ができたり，コンピューターメモリからの指令値により自動的に調節されるものもある．送り精度は，送る材料の材質（鏡面の場合と細かい凹凸のある場合とでは後者のほうが精度が良い）と寸法，送り長さ，プレス回転数，金型条件（加工内容や金型内の抵抗など），送り装置の構造と加工・組立て精度，送り装置の直前の材料ガイド方式とループ形式（送り装置の加速するのに要する材料ができるだけ少ない方式や，ループの振動の少ない方式が良い）などの多くの要因に左右される．

〔2〕**プレス自動化用周辺装置**

高速自動プレスではコイル材を用いて作業が行われるため，コイル材の供給装置が不可欠である．最近では長時間の無人運転が求められており，コイル材の自動連続供給装置も使われるようになった．コイル材供給装置はプレスへの

入力装置に相当するが，出力装置に相当する製品集積装置（成形品を連続リボン状にしたままリールに巻き取る方式や，整列して重ねていく集積装置など）も自動加工システムに結合されるようになった．以下に，おもなプレス自動化周辺装置についての概略を述べる．

（a）**コイルライン概要** ブランキング加工，およびプログレッシブ加工を行う場合に，コイル材を連続してプレスに供給する必要がある．このコイル材を供給する供給装置を一般にコイルラインと称している．コイルラインは，コイル材を保持するアンコイラー，巻き癖を除去し平坦にするレベラー，プレスに一定の長さのコイル材を供給するコイルフィーダーで構成されている．その代表的な構成を図 **7.8** に示す．

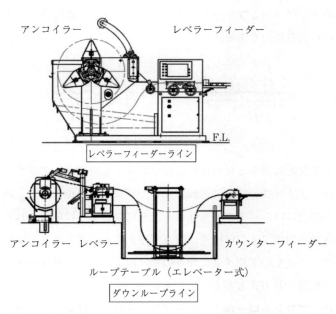

図 **7.8** 代表的なコイルラインの構成

（b）**レベラー，コイルフィーダー** レベラーとはコイル状に巻かれていたときの材料の巻き癖を連続的に除去する装置である．巻き癖を取り平らにし，材料内部の残留応力を除去もしくは均一にした後に加工を行わないと，加

工された成形品に余計なひずみが残ってしまい，成形後に形状が狂ってしまったり，寸法精度が悪くなったりする．また，時にはこの巻き癖が送り精度を悪くする原因にもなる．したがって，レベラーの作用は重要である．

レベラーは，**図7.9**に示すように上下に互い違いに配設（配列）されたロールの間をコイル材を通して数回の繰返し曲げを行う．初めはロールによる曲げ量を多くし，徐々に曲げ量を少なくするように繰り返すことにより，ひずみを除去する．除去を完全に行うにはロールの本数を多くして，繰返し曲げ回数を多くする必要がある．一般的には上ロール4本～6本，下ロール5本～7本式のもの，すなわち合計9本～13本式のレベラーが多い．レベラーのつぎにはコイルを一定長さ供給するコイルフィーダーが設置される．設置スペースを節約するため，レベラーとフィーダーを一つのユニットにまとめたコイルフィーダーが用いられる場合もある．

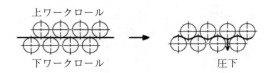

図7.9 レベラーの構造

コイルを間欠的に送ると材料の残留ひずみ量が場所によって不均一になるため，通常は停止させないで連続運転される．プレスが停止したり，運転速度が遅くなった場合にはコイルの送り速度も低速になるように制御される．それでも，プレス側と同調できない場合に限って停止する．送り長さとプレス運転数との積がコイル送りの平均速度になるので，最近ではコンピューターで演算して自動的に制御する方式もある．

（**c**）　**ループコントロール**　　ループコントロールはレベラーが連続運転されるのに対し，プレスの送り装置は間欠運転されることと，レベラーをプレス送り装置側の平均速度に完全に一致させることが難しいため，そのわずかの差をレベラーと送り装置との間に材料のバッファーを設けて吸収しようとする装置である．ループ内の材料の量があまり変動すると，それも送り装置の送り精

度を悪くするので，量を検出するループコントロール装置を設けて監視し，レベラーの運転速度にフィードバックしている．コイル材のループ方式には，英字のUの字の形をしたり，ダウンループ方式とSの字の形をしたS字ループ方式があり，精度の良いのがS字ループ方式である．**図7.10**にS字ループ方式のレベラーフィーダーを示す．ループ量の検出は，光電管式やリミットスイッチ式がある．光電管式は非接触に行え，高速応答性や信頼性に優れている．一般的なレベラーフィーダーでは，コイルのループはアンコイラーとレベラー間に設ける．

図7.10 S字ループ方式のレベラーフィーダー

（d） その他の周辺装置　コイル材に関するその他の周辺装置には，つぎのようなものがあるが，この項では列挙するにとどめる．

① 大形コイル荷扱い用のコイルスキッド（コイル材を並べて置く台でコイルをつぎつぎに送る機能を有する）

② 大形コイル荷扱い用のコイルカー（コイルをコイルホールド装置であるアンコイラーに装置する移動台車である）

③ 大形コイル荷扱い用のコイルオープナー（コイル材の先端部分をレベラーのピンチロールまで案内する装置である）

④ ループテーブル（コイル材の板厚が厚くなるとループの距離が長くなりレベラーから送り装置までの距離が遠くなる．ここをコイルを通板するために中間でコイルを支えるテーブルが必要になる．これをループテーブルという）

⑤ コイル溶接装置（コイル材をつぎからつぎへ自動的に連続して供給するにはコイル材の先端と末端を自動的に通板する機能が必要である．しかし，その作業を自動化するのは技術的に可能であるが，対費用効果の点から普及は進んでいない．方法としては，先端と末端をTIG溶接やプラズマ溶接で接続する方法がとられる）

7.1.5 サーボプレス[1)]

サーボプレスとは，サーボモーターを動力源としてその回転を制御することによりスライドを駆動するプレス機械である．方式としては，クランクやリンク等のメカニカル機構を用いるもの，スクリュー機構を用いるもの等のメカ式のサーボプレスと，サーボバルブで油圧を制御する方式やサーボモーターで油

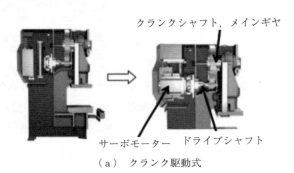

(a) クランク駆動式

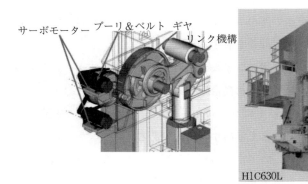

(b) リンク駆動式

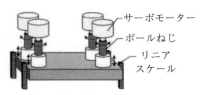

(c) スクリュー駆動式

図 7.11 代表的なメカ式サーボプレスの構造[2)]

圧ポンプを駆動する油圧式がある．**図7.11**に代表的なメカ式サーボプレスの構造を示す．また，**図7.12**には油圧式サーボプレスの概念図を示す．

いずれの方式でも，スライドの一時停止や逆転とその速度を制御することが可能であり，従来のプレスでは不可能であったスライド

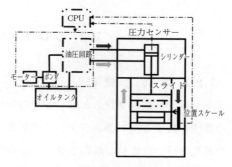

図7.12 油圧式サーボプレスの概念図[3]

モーションを設定することができる．**図7.13**はスライドモーションの例である．

せん断加工でのサーボプレスの利用例としては，工法の点からは通電加熱によるハイテン材のせん断加工，かえりなしせん断，振動付加による破断発生の軽減等がある．生産の点からは，加工開始時のソフトタッチと速度制御によるせん断時の騒音・振動の軽減と金型寿命向上や，振り子モーションによる生産性向上などがある．

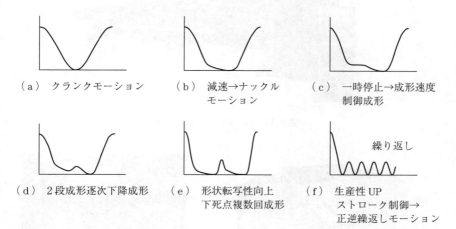

図7.13 スライドモーションの例

7.2 タレットパンチプレス

7.2.1 本体と機能

 タレットパンチプレスとは，多数の金型を収めたタレットと，板材の位置決め機構を有するパンチングプレスである．タレットを回転することにより金型の選択を行い，板材を移動させ，所定の位置に穴あけを行う．通常はすべての加工動作は数値制御（NC）により，自動化されている．**図 7.14** にタレットパンチプレスの本体とその構成を，**図 7.15** に構造の概略を示す．本体は，図に示すような O フレームの構造のタイプのほかに，C フレームの構造のものもある．打抜きの能力としては 100～500 kN 程度までであり，加工できる板厚はもちろん能力で定まるが，およそ最大 6～9 mm（SPC 相当）である．保持さ

図 7.14 NC タレットパンチプレス

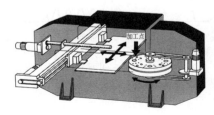

図 7.15 タレットパンチプレスの構造の概略

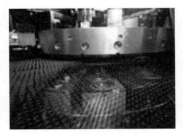

図 7.16 フルフラットテーブル

れる金型の数は，小形機械では10型程度，大形機械では72型まであり，30〜50型程度が多く，タレットを用いて機械内部に金型を保持する機械が一般的である．しかし，時代の変化とともに製造現場に求められるニーズが変種変量生産や短納期，きずなし加工や高度化，これらに対応した機械の需要が拡大している．その一つが，金型を外部に置き，ロボットを用いて金型をパンチプレス本体へ着脱する（ダイのクリアランス交換を含む金型自動交換）機能を有し，長時間の自動運転が可能な機械である．さらに近年では，多様な上下成形加工ときずなし加工を実現するために，図7.16に示すように下部タレットをブラシテーブルの下に隠して加工を行う画期的な機械も登場している．

金型にない形状を抜く場合や外形形状を抜くような場合には，板を所定の形状に合わせて動かしながら，一つの金型で連続的に打抜きを行うことにより対処する．これを追抜き（ニブリング）と称し，金型にない形状を創生できる．曲線のニブリングにおいては，丸いパンチを用いるので切口輪郭に多少の凹凸が生じる．しかし，機械の打抜きスピードの高速化や金型技術の進化により，板厚2.3 mm以下のSPCCを$\phi 2$の特殊金型を使用し，追抜きピッチ0.5 mmでニブリング加工を行うことが可能になった．コンタリング加工と呼ばれるこの加工方法の出現により，凹凸の少ない曲線加工が創生できるようになり，タレットパンチプレスでレーザーのような綺麗な曲線加工が可能になった．

1枚の板から数個の製品を作る，いわゆる多数個取りを行うこともできる．

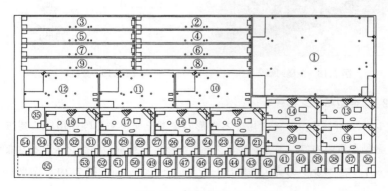

図7.17 多数個取りの例

その一例を**図7.17**に示す．このような多数個取りにおいては，1枚の板にいかに製品を配置するかにより，素材の歩留り率が変化する．多数個取りにおける配置をネスティングと称し，コンピューターを用いて行うことが一般的である．

7.2.2 付加機能

タレットパンチプレスは前述の主要な機能のほかに，生産性を向上させるため，以下に示すような種々の付加機能を有している．

〔1〕 **金型回転装置**

正方形や長方形などの非円形パンチでは，ステーション内における金型の向きが一定となってしまう．そこで金型を回転する機構を持たせると，加工のフレキシビリティーが増加し，実質的にタレット内に保有する金型を増加させるのと同じ効果がある．この機構の一例を**図7.18**に示す．

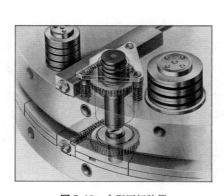

図7.18 金型回転装置

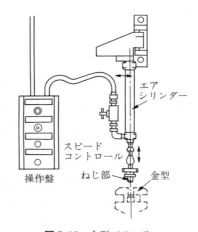

図7.19 金型バランサー

〔2〕 **金型バランサー**

タレットパンチプレスで用いる大形の金型を交換する際に用いる装置である．金型が重いので，エアシリンダーでつって，重量のバランスをとりながらタレットディスクへの挿入や取出しを可能としている．**図7.19**に金型バランサーを示す．

〔3〕 電力平準化省エネ回路

タレットパンチプレスのラムの駆動は，フライホイールとクラッチ（乾式方式，湿式方式がある）を組み合わせたメカ駆動方式から，油圧方式，サーボモーターの駆動方式へと進化を遂げてきた．サーボ駆動方式では，ラム制御時の制動エネルギーをコンデンサーに回収・蓄積する．これをラム加速時のエネルギーとして再利用するメカニズムで省エネを実現している．図7.20に電力平準化省エネ回路を示す．

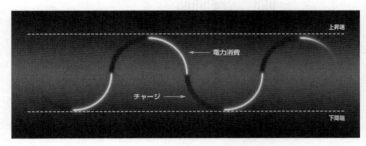

図7.20 電力平準化省エネ回路

〔4〕 P&F 機 能

P&Fとは，Punch & Formingの略語である．タレット下に配置されたフォーミングシリンダーが成形ダイのチップだけを上昇させ，パンチと同じパスラインで成形加工が可能になる．ひずみの少ない高ハイト成形加工を実現し，裏きず・材料の腰折れが軽減できる．図7.21にP&F機能を示す．

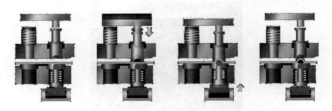

図7.21 P&F機能

〔5〕 浮上式ブラシテーブル

上向き成形後の材料移動時にタレット周りのブラシが材料ごと上昇し（3〜

5 mm 程度),ダイと材料の干渉を防止する.図 **7.22** に浮上式ブラシテーブルを示す.

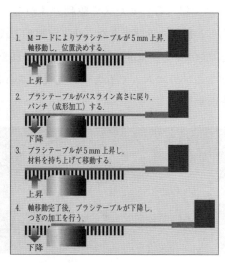

図 7.22 浮上式ブラシテーブル
(ブラシ浮上の動作)

〔6〕 **クランプポジショナー**

加工する材料の長手寸法(X 方向)が頻繁に変化したり,クランプを回避しながら材料端面に加工をする必要がある場合に選択する.図 **7.23** にクランプポジショナーを示す.

図 7.23 クランプポジショナー

7.2.3 パンチング金型

図7.24にタレットパンチプレスで用いるパンチの構造を示す．パンチボデー，パンチガイド，リテーナーカラー，パンチヘッドドライバー，ストリッピングスプリングから構成されており，各パーツが疲労や破損した場合には交換が可能な構造となっている．直径の大きな金型では，ストリッピングスプリングには皿ばねを用いている．パンチボデーとパンチヘッドはねじで結合されており，つねに一定のパンチ高さを保つことができる．パンチを再研磨するまでのヒット数は軟鋼板で3万〜5万が目安であるが，かえり（バリ）発生の程度などにより決定する．

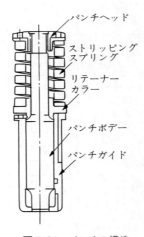

図7.24 パンチの構造

近年では，IDを刻印した金型と金型IDサーバーとのネットワークにより，金型情報（金型の研磨時期，所在など）をデジタル化して見える化した仕組みも運用されている．

パンチング用の標準金型と準標準金型の形状を図7.25示す．

7.2.4 成形用金型

タレットパンチプレスではパンチングのみならず浅い成形品の加工が可能で

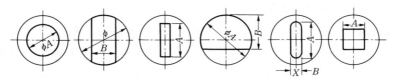

（a） 標準金型

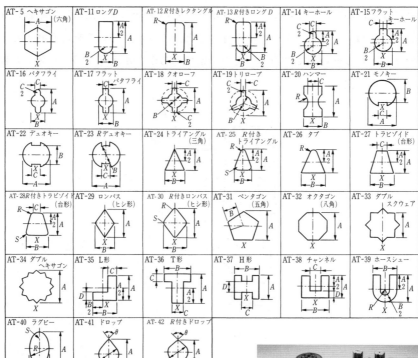

（b） 準標準金型

（c） 一　例

図 7.25　標準金型および準標準金型の形状

ある．成形加工としてはバーリング加工，ルーバー（風窓）加工，ランス（切起し）加工などがある．

7.2.5 複合機，複合加工 [4]

タレットパンチプレスでは追抜きやニブリングにより，金型形状とは異なる形状の抜きが可能であるが，ニブリングは加工能率が落ちる．レーザー切断機は，タレットパンチプレスでは能率の悪い曲線や外形の切断は速いが，小さい穴をたくさんあけるというような加工は，タレットパンチプレスに比べ能率が悪い．また，レーザー切断機ではピアシングというスタート時の穴あけ加工においては，ドロスなどがはね返ってレンズなどを汚すが，タレットパンチプレスにてあけた穴から切断をスタートすると，このような不具合を避けることができる．そこで，タレットパンチプレスとレーザー切断機の複合加工機が考えられた．パンチレーザー複合加工機の一例を**図 7.26** に示す．

図 7.26　パンチレーザー複合加工機

現在では，タッピングなどの加工も行えるようになり，変種変量生産が主流となっている日本国内では，多工程を1台でこなせる生産性の高い機械としてタレットパンチプレスに代わる存在となっている．

複合機は二つの加工機能のうち，働くのはつねにどちらか一方である．そこでタレットパンチプレスでまず穴あけを行い，つぎにレーザー加工機で曲線や外形の切断を行えば，2台の加工機の稼働率が上がる．このような加工の分担を複合加工と呼ぶ．ここで2台の加工機での板のつかみ換えのずれが生じる

が，レーザー加工機に，CCDカメラを搭載し，タレットパンチプレスで抜いた穴を読み取り，加工位置のずれを検出し，補正する方法が開発されている．従来はレーザーの発振器が高価であったため，複合加工の経済性が評価されていたが，レーザー発振器の価格が大幅に下がり，複合加工機のメリットとして省スペース化や加工プログラムが容易であることなどが評価を受けてきている．さらに，従来のCO_2レーザー発振器に加え，電気を約3倍の効率で光に変換し，低ランニングコストで薄板の高速加工を得意とするファイバーレーザー発振器の急速な普及により，従来のタレットパンチプレスの市場に占める複合機の比率が増加することが予想される．

7.3 素材のせん断加工機械

7.3.1 スリッター

〔1〕 概　　　説

スリッター（slitter）とは図7.27に示すように，数組の回転刃（カッター）を組み合わせて，コイル材または広幅板を所定の幅に多条切断する機械である．

スリッターを大別すると，コイル材の材質によって，金属用スリッターと紙，プラスチックなどの非金属薄肉コイル用スリッターとに分けられる．図7.28に示すように前者のスリッターは用いられるカッターが通常円筒状であるのに対して，後者のスリッターはゲーベルカッターと呼ばれる特殊な形状のものを使っているのが特徴である．ここでは，金属コイル材またはシート材に用いるスリッター，いわゆるロータリーガングスリッターについて説明する．

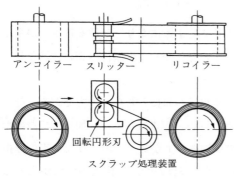

図7.27　ロータリーガングスリッターの原理図

7.3 素材のせん断加工機械

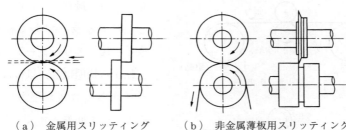

(a) 金属用スリッティングカッター　　(b) 非金属薄板用スリッティングカッター

図7.28　スリッターに用いられるカッター

さて，スリッターはシートスリッターのように，スリッター単体で用いられることもあるが，コイルをスリットする場合にはコイルをいったん巻きほぐし，スリッターで所定の寸法に切断したのち，分割した幅狭コイル（複数）を再び緊密に巻き取らなければならない．このような構成の設備をスリッターラインと呼んでいる．

スリッターラインは通常，前述のコイル巻きほぐし装置（アンコイラー），スリッター本体，コイル巻取り装置（リコイラー）およびスリッティング時に生ずるコイル両耳の部分をスクラップとして処理するためのスクラップチョッパー，スクラップワインダーなどから構成されている．なお，このようなスリッターラインの内，2組のみのカッターでスリッティングを行う，前述の耳切り専門の設備を特にサイドトリマーと呼んでいる．

また，スリッターラインをそのせん断方式により分類すると図7.29に示すように，図（a）のリコイラーの張力でカッターを駆動し，コイルをスリットするプルカット方式，図（b）のスリッター自体を駆動してコイルをスリットするドライブカット方式，図（c）の前記両者を併用した方式，すなわちカッター駆動力の一部がリコイラーからの張力によって受け持たれているプル＆ドライブカット方式（combination pull and drive cut）とに大別でき，それぞれ特徴を有している．

図（a）のプルカット方式では，スレッディングと称するスリッター微速駆

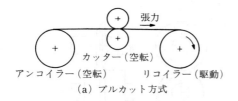

(a) プルカット方式

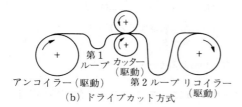

(b) ドライブカット方式

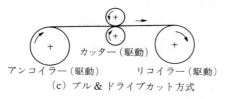

(c) プル＆ドライブカット方式

図7.29 各種スリッティング方式

動によって最初コイルをスリットし，リコイラーである程度巻き取った後，スリッターシャフトが空転する状態にし，以後はリコイラーからのコイル張力によってカッターを回転させスリッティングを行う．

図(b)のドライブカット方式においては，スリッターの回転速度が一定である場合，リコイラーの回転速度を調整しないと，巻取り速度はコイルの直径に比例して増大してしまい，コイルの張りつめおよび破断が生じてしまう．したがって，リコイラーを直流モーターで駆動するなどして，コイル移動速度がスリッターとリコイラーでほぼ等しくなるよう速度調整を行う必要がある．しかし，このような速度調整を行うことは実際上はかなり困難であるので，図(b)の方式ではスリッターとリコイラーの間にかなり深いピットを設け，速度調整をやりやすくしてやるのが普通である．

図(a)の方式は図(b)の方式に比べて装置が簡単になるが，スリットする板厚が大きくなったり，スリット条数が極端に多くなった場合には，スリッタースタンドに大きな張力がかかったり，材料の幅方向の板厚変動のためスリット後の幅狭コイルの一部（通常材料エッジ付近部の条）が下方にたるみ，残りの条に全プル力が作用し，当該条が分断されるという不具合が生ずる．

したがって図(a)のプルカット方式は特に厚い板厚，または特に薄い板厚のコイル材のスリッティングには適さず，0.4～3.2 mm 程度の板厚のコイル材スリッティングに適している．逆に，図(b)のドライブカットは前述の

範囲外の板厚用に適している．

図（c）の方式は例えば厚板のサイドトリマーにおいて用いられる方式であり，プルカットの欠点であるスリッタースタンドへ過大な張力が作用することを防止するため，カッターも駆動し，プル力を軽減する効果を得ると同時に，ドライブカットの欠点である，深いピットが必要となり，ラインの長さも長くなるという不具合を解消するという効果をねらっていると思われる．

〔2〕 スリッティングにおける加工力

（a） **圧下力の算出方法**[2]　図7.30には，材料長手方向のカッター各地点におけるカッターにかかるせん断応力 τ の予想分布図が示されている．1カット当りの圧下力 F_v は τ を X 方向に積分することにより，つぎのように求められる．

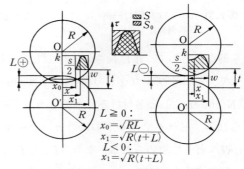

図7.30 カッター各地点におけるせん断応力予想分布図[5]

$L \geqq 0$ のとき

$$F_v = \int_{x_0}^{x_1} \tau t \, dx = t \int_{x_0}^{x_1} \tau \, dx$$

$$= tS = tS_0 \times \frac{S}{S_0}$$

$$= tk \times (\sqrt{R(t+L)} - \sqrt{RL}) \times \frac{S}{S_0} \tag{7.1}$$

$L < 0$ のとき

$$F_v = \int_{x_0}^{x_1} \tau t \, dx = t \int_{x_0}^{x_1} \tau \, dx = tS = tS_0 \times \frac{S}{S_0}$$

$$= tk \times A\sqrt{R(t+L)} \times \frac{S}{S_0} \tag{7.2}$$

ここで，$S/S_0 (\equiv \alpha)$ なる係数は，例えば図7.31のように表される．

（b） **スリッティング仕事（動力）**[6]　スリッティング仕事を表す最も基

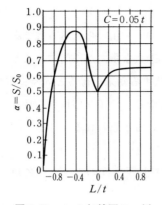
図7.31 $\alpha - L/t$ 線図の一例
(軟鋼板)

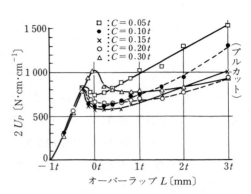
図7.32 スリット仕事の測定例[6]
(軟鋼板,板厚1mm)

本的な量として,単位長さの材料を1カット当りスリットするための仕事を考えて,これをプルカットの場合 U_P [N·cm·cm^{-1}],ドライブカットの場合 U_D [N·cm·cm^{-1}] と名付ける.多条 n カットの場合,プル力は $nU_P N$ として求められる.ドライブカットの場合カッター半径を R [cm] として,全トルクは nRU_D として求められる.なお,U_P と U_D は一般的にほぼ等しい.

図7.32には板厚1mmの軟鋼板をサイドトリミング形式でプルカットしたときの動力 $2U_P$ の測定結果の一例を示す.カッタークリアランス C が小さいときには,カッターオーバーラップ量 L が大きくなるにつれて U_P が急激に大きくなっていることがわかる.これはカッター側面と材料の摩擦力が L の増大につれて急激に大きくなっているためと考えられる.

〔3〕 **かえりなしスリッティング**

通常のせん断加工の場合と同様,スリッティングにおいてもかえりは加工硬化して硬く,また鋭利な形状をしているので,さまざまな点で有害であることはいうまでもない.

かえりなしスリット法(ロールスリット法[7])の原理図を**図7.33**に示す.また,**図7.34**はロールスリット法の加工機構を理解するための素材繊維の変形過程を示す.

7.3 素材のせん断加工機械

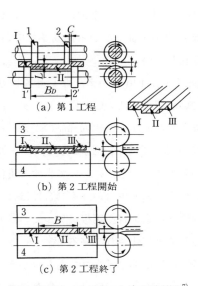

図7.33 ロールスリット法の原理図[7]

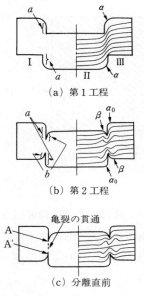

図7.34 ロールスリット法における素材繊維の変形過程

図7.34(a)は,第1工程において図7.33のカッター1,2により素材がカッター1′,2′間に押し込まれていく状態を示すが,この状態において,素材変形部分は未分離状態にある.つぎに図7.34(b)は第2工程において,素材が圧下ロール3,4間にある程度かみ込んだ時点における素材の変形状態を示しており,この状態においては半製品におけるせん断面 a が消滅しないで残っており,一方,該せん断隣接部には新たなバニシ面 b が形成されていく.

また,この際半製品状となった素材が圧下ロールにかみ込まれ前進するにつれて,半製品に形成されていた初期だれ a は,圧下ロールの圧下前進作用により a_0 へと徐々に減少し,代わりに新規なだれ β が形成され,かつその大きさが増大してくる.つぎに,半製品状素材がさらにロール間にかみ込まれ前進すると,素材の押戻し工程における塑性変形能が尽きて,ついに素材の変形部先端A,A′から発生した亀裂が成長連通することにより,半製品の分離が行

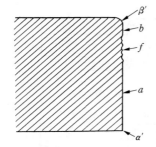

図 7.35 ロールスリット法によって得られる切口面

われる．こうして得られた製品の切口面は**図 7.35**に示すように，第 2 工程における小さな残存だれ α' と新規成長だれ β' と，平滑面 a，b およびこれらに挟まれた破断面 f とから構成されており，かえりは存在しない．

この方法は 4.3.4 項のかえりなしせん断法で説明されている平押し法のいわばスリッター版であるとも考えられるが，閉輪郭部品のかえりなしせん断法である平押し法と比較して，ロールスリット法はいわば開輪郭部品を扱っているので平押し法において生ずる可能性のある材料どうしのこすれによる二次的かえりの発生という不具合はほとんどない．ロールスリット法は，現在，方向性けい素鋼材や銅板，アルミニウム板などのかえりなしスリッティング技術として実用化されている．

かえりなしスリッティングの需要が多いのは薄肉コイル材であり，かえりなしスリッティングのこれからの課題は，板厚 0.2 mm 程度以下の極薄肉コイル材にどう対応していくかであろう．

〔4〕 **スリッティングが打抜き製品に及ぼす影響**

板厚が薄く幅の狭い帯板から，打抜きにより，例えばリード部品のような精密薄板電子部品を製造する場合，板縁に残るスリットひずみにより，**図 7.36**（b）に示すような製品全体の形状不良が発生することが問題となる．

ねじれについては，つぎのようなことがわかっている[8),9)]．

(1) スリット加工後の条を幅方向に図 7.36 (a) のように分割打抜きすると，かえりを下面にして観察した場合，**図 7.37** のようにスリット方向後方から見てハの字，前方からみて逆ハの字のようにねじれる．

(2) ねじれの量はカッターのオーバーラップ量が大きくなるにつれて多くなる．

(3) ねじれの量はカッターの径が大きいほうが少なくなる．

また長手反り，キャンバーについては，つぎのことがわかっている[8),10)]．

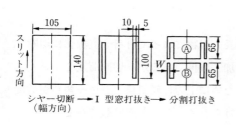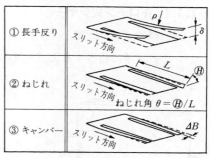

(a) E 型打抜きの手順　　　　　　　(b) 得られた製品の形状不良

図7.36 スリット条のE型打抜きおよび形状不良

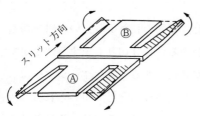

図7.37 ねじれの形態（かえり下面）[8]

(1) カッターの径は大きいほうがこれらの形状不良は少なくなる．

(2) 長手反りはストリッピング条件（ストリッパーの有無，種類など）によって大きく影響を受ける．

(3) キャンバーについては，ストリッピング条件，オーバーラップ量にかかわらず打抜き後の製品は先端側Ⓐ，後端側Ⓑともに内側に曲がる．またキャンバー量はオーバーラップ量が増すにつれて大きくなる．

(4) キャンバー量は，打抜き後のエッジ幅 W（図7.36（a）参照）が小さいほど大きくなる．一方，長手反りに対しては W はキャンバーに対するほど影響を与えない．

なお，ロールスリット法によれば慣用スリットと比べて，(1) 長手反りは小さい，(2) ねじれはほとんどない，(3) キャンバーも小さくなるなどがわかっている[11]．

7.3.2 ギロチン式シヤー

〔1〕 概　　説

パンチとダイに相当する上下一対の長い刃物によって材料を直線状に切断する加工機械であるが，切断荷重を小さくするために上刃に傾斜角（シヤー角）が数度付けられていることが特徴である．

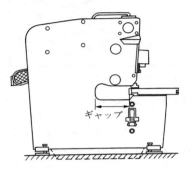

図7.38 ギャップシヤーの外観図

ギロチン式シヤーを機能により分類するとスケヤーシヤー，ギャップシヤーに分けられる．ギャップシヤーとは図7.38に示すように「ギャップ」を有するシヤーのことを指し，刃物の長さより長い材料を切断するいわゆる「送り切り」をすることができるのが特長である．スケヤーシヤーはこのようなギャップのないシヤーを指し，主として薄板用として用いられる．

動力の伝達方式によってギロチン式シヤーを分ければ，機械的に作動させるメカニカルシヤーと，油圧シリンダーを介して作動させる油圧シヤーの2種類に分けられ，それぞれ特徴を有している．

すなわち，メカニカルシヤーはフライホイールのエネルギーを動力として利用するので，主電動機は油圧シヤーより小形となっている．ただし，設置面積は一般に機械式のほうが油圧式より大きくなる．

油圧式シヤーの特徴は，フライホイールを使用しないので過負荷防止作用を確実に実現できること，シヤー角を可変に設定することができる，低騒音，低振動であるなどの点である．

〔2〕 シヤーのせん断荷重[12]

シヤーによるせん断過程は，初期，定常期および終期の三つに分けられるが，切断長が長くなる実際の作業では初期と終期が定常期に比べて無視できるので，定常期におけるせん断荷重（定常せん断荷重）が重要な値となる．

定常せん断荷重 P は図7.39に示すように，dx なる幅の材料素断面に作用す

7.3 素材のせん断加工機械

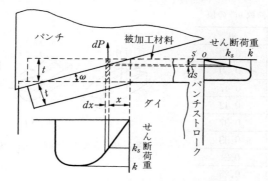

図7.39 一定のシヤー角を付けた工具によるせん断[12]

る力 dP パンチの食い込んでいる素材全断面積について積分すれば求められる．

$$P = \int dP = \int k_s t\, dx = t \int k_s dx = t \cot \omega \int_0^t k_s\, ds \tag{7.3}$$

補正係数を m，単位面積当りの所要せん断仕事 W 〔N・mm・mm^{-2}〕とすると

$$P = mt(\cot \omega) W \tag{7.4}$$

W は実験により求まる値であるが，同じ材料ならばほぼ板厚 t に比例するので，W の代わりに単位せん断仕事 $w_k = W/t$ 〔N・mm^{-2}〕を用いると

$$P = mt^2 w_k \cot \omega \tag{7.5}$$

となる．さらに，材料のせん断抵抗 k を用いて $w_k = m_k'$ と表すと

$$P = mm'kt^2 \cot \omega \equiv m''kt^2 \cot \omega \tag{7.6}$$

と表せる．m'' の値は t によって異なり**表7.1**[13]のようになる[12]．

いま，シヤー角 ω を付けることにより，そうでない場合と比べてどの程度せん断荷重が低減できるかを，標準的な 3×6 板（せん断長 1800 mm，t = 3.2 mm）について求めてみると，$m'' = 0.63$，$k = 300$ N・mm^{-2}，$\omega = 1.5°$ として

$$P\text{（シヤー角あり）} = 0.63 \times 300 \times 3.2^2 \times \cot 1.5° \fallingdotseq 7.4 \times 10^4\ \text{N}$$

$$P\text{（シヤー角なし）} = 3.2 \times 1800 \times 300 \fallingdotseq 173 \times 10^4\ \text{N}$$

表7.1 補正係数 m'' の値

板厚 t [mm]	m''
3.2	0.63
6.4	0.50
8	0.47
10	0.42
13	0.37
16	0.33
20	0.2
26	0.25

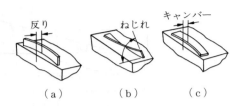

図7.40 シヤーされた製品に現れる形状不良

となり，著しい荷重低減が得られる．

〔3〕 **シヤーにより切断された製品の形状精度**

シヤーによる切断では**図7.40**のような形状不良が発生する．ねじれとシヤー角 ω，切断幅 W との関係を示す**図7.41**からもわかるように，一般的にいってシヤー角を小さくすること，切断幅を大きくすることは製品の精度向上に結び付く[13]．

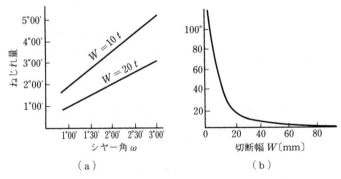

図7.41 シヤーされた製品の形状不良と加工因子の関係[13]（SS 400材）

切断幅が小さい場合も精度が維持できるシヤーとして，シヤーの原型とされ，熱間スラブのような（100 mm 程度の）極厚板の切断に用いられている．いわゆるローリングカットシヤー（RCS）がある[14]．この原理は，曲線状また

は円弧状の形をした上刃が直線状の下刃の上をすべりなしに転がり運動をするものである。このRCSの原理を用いた板金用RCS[15]が開発されている。その構造および作動順序図を**図7.42**（a），（b）に示す。転がり運動を保証するためのガイド機構（図中の①～③）が上記の極厚板RCSより簡単化されている。特に，ガイド溝⑭が直線状になっているのが特徴である。図（c）に

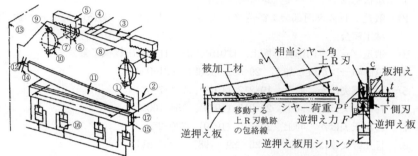

① 板押え，② 被加工材，③ 油圧シリンダー，
④ ピストン，⑤ ラック，⑥ ギヤ，⑦ カム，
⑧ スライド，⑨ 上側ローラー，⑩ 下側ローラー，
⑪ 上側R刃，⑫ ガイドローラー，⑬ フレーム，
⑭ 直線割溝，⑮ 逆押えバー，
⑯ 逆押えバー用油圧シリンダー，⑰ 下側直線刃

（a） RCS機の構造図

（b） RCS機の作動順序図

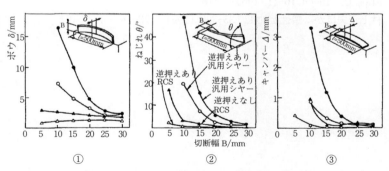

（c） RCS機と汎用機による切断形状精度（ボウ，ねじれ，キャンバー）の比較
　　　（A 3004, $t=1.2$ mm, $C=8\%t$）

図7.42 板金用ローリングカットシヤー（RCS）の構造，作動順序および切断品精度比較[15]

従来の汎用ギロチンシヤーと板金用 RCS の切断品精度比較を示すが，切断幅が小さくなるほど，板金用 RCS の精度向上効果が認められる．

引用・参考文献

1) 小松勇ほか：サーボプレス実践活用法，(2009)，日刊工業新聞社．
2) 鍛造プレス専門部会：鍛造プレスとは＜入門編＞，(2015)，53. 日本鍛圧機械工業会．
3) 鍛造プレス専門部会：同上，(2015)，38，日本鍛圧機械工業会．
4) 遠藤順一：塑性と加工，**29**-332 (1988)，931-936．
5) 村川正夫ほか：同上，**19**-212 (1978)，788-795．
6) 村川正夫ほか：同上，**20**-217 (1979)，154-160．
7) 村川正夫ほか：同上，**20**-219 (1979)，270-275．
8) 日比野文雄ほか：同上，**26**-289 (1985)，207-211．
9) 富澤淳ほか：昭和 61 年度塑性加工春季講演会講演論文集，(1986)，15．
10) 富澤淳ほか：第 37 回塑性加工連合講演会講演論文集，(1986)，465．
11) 神馬敬ほか：第 39 回塑性加工連合講演会講演論文集，(1988)，487．
12) 前田禎三：精密機械，**16**-10 (1950)，290-295．
13) 前田譲ほか：最新切断技術総覧，(1985)，189，株式会社産業技術サービスセンター．
14) Fries, G.：Blech, **16**-11 (1968)，616．
15) 村上正夫ほか：塑性と加工，**35**-396 (1994)，73-78．

8 せん断加工の数値解析

8.1 せん断加工変形解析の特徴

せん断加工の加工条件を実験的手法のみによって最適化することは非効率的であり,このため理論的な解決手法の登場が望まれてきた.そのような状況において,近年,塑性加工の分野において有限要素法(finite element method, FEM)をはじめとする数値解析法が普及しかつ成果を挙げており,せん断加工においても,これらを用いた研究がさらに活発に行われ,加工技術の高度化が期待される.

しかしながらせん断加工は,もともと一体であった連続体を複数の領域に材料分離する特異な加工である.材料分離は,FEMの理論においては元来想定されていない現象であるため,さまざまな工夫を施して計算を進める必要がある.本章では,FEMをせん断加工の変形解析に適用する際に考慮しなければならないポイントについて触れ,その対応策について解説し,関連の研究事例について紹介する.

8.1.1 せん断加工変形解析の目的

図8.1に板材の慣用せん断加工の概念図を示す.板押え(ストリッパー)とダイ上面との間で素材を固定し,パンチの降下によってパンチとダイの間(工具クリアランス)において,せん断変形を生じさせることで最終的に材料分離を実現する.せん断加工部においては,パンチおよびダイ刃先の押込みに

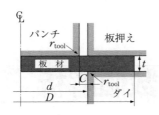 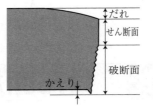

図 8.1　慣用せん断加工の概念図　　　　図 8.2　せん断加工部特性

よって生じるだれ，工具が材料内部に侵入することによって形成される平滑なせん断面，亀裂の発生，進展および会合によって生じる破断面，ならびにかえりが発現する（**図 8.2** 参照）．せん断加工の変形解析においては，工具クリアランス C，工具刃先形状（例えば工具刃先を円弧で近似したときの曲率半径 r_{tool}）ならびに板押え力などの加工因子が，加工荷重や前述の種々の加工特性に及ぼす影響を理論的に検討することを目的として行われる．

8.1.2　せん断加工変形解析の課題

FEM を用いたせん断加工の変形解析における特異性には，以下の4点が挙げられる．

（1）　変形の局所化
（2）　解析における亀裂の表現
（3）　延性破壊条件の選定
（4）　破壊に関する材料物性値の同定

（1）について，せん断加工における材料の変形領域は工具刃先周辺に集中する．このため，きわめて狭い範囲に変形が集中することによって要素に大きなゆがみが生じる．また，せん断加工部の形成過程を詳細に予測するためには，細かい要素をパンチおよびダイ刃先近傍に配置することが必要となる．また，要素が工具刃先部へ侵入するといった現実的にはあり得ない現象が，FEM においては生じることがある．このため，工具の刃先付近およびせん断域に細かい要素を配置した上で，さらに，要素の再構築・再配置を繰り返すことにより，変形解析を続行する工夫が必要になる．

(2)について,本来連続体の変形を取り扱う FEM を用いた変形解析において,材料の分離を計算することはできない.しかしながら,破壊発生に伴って生じる材料分離現象の予測に FEM を適用するニーズは高く,何らかの手法でこれをモデル化する必要がある.

(3)について,前述のとおり,せん断加工において生じる材料分離に関しては,塑性変形を伴う,いわゆる延性破壊が支配的である.亀裂発生および進展を予測し,せん断面長さ,かえり高さ,亀裂形状および進展方向などのせん断特性を検討する必要があるが,このためには変形解析に延性破壊条件を導入して破壊判定を行う必要がある.

また(4)について,延性破壊条件においては種々の材料の延性破壊挙動に依存する材料パラメーター(延性破壊パラメーター)を入力して適用する必要がある.すなわち,何らかの破壊試験を行うことによって,延性破壊パラメーターを同定しなければならない.

8.2 要素配置

8.2.1 アダプティブメッシング

せん断加工で用いられるパンチおよびダイなどの工具刃先は一般に鋭い.せん断加工の FEM 解析においては,先端の鋭い工具が材料内に侵入することが当然であり,工具刃先形状の取扱いおよび要素サイズの設定には注意が必要である.

図 8.3(a)に示すとおり,工具先端が鋭いと要素内への工具の侵入が発生する.これは要素のサイズにかかわらず生じる.工具刃先の節点および要素の取扱いについては,特異点として扱う方法[1)~3)]と刃先を円弧で表現して解

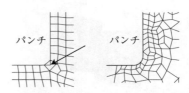

(a) 工具刃先の侵入　(b) 刃先を円弧で近似した場合

図 8.3　工具刃先形状と工具の要素内への侵入

析する方法[4]（図 8.3（b）参照）との 2 種がおもに用いられているが，近年ではメッシング技術の向上に支えられ，後者がより多く用いられる傾向にある．その円弧半径（図 8.1 における r_{tool}）が大きいと現実のせん断条件を模擬することはできない．しかしながら，これに対して工具刃先半径を小さくしても，要素サイズが過剰に大きいと，やはり工具の要素内への侵入が生じる．すなわち，刃先半径を小さくするとともに，刃先周辺の要素サイズも小さく設定する必要がある．しかしながら，全解析領域において要素分割を細かくすると要素数および節点数が増大し，これに伴って計算負荷も増大する．これを解決するためには，要素生成時に要素サイズを解析領域内で適切に分布させる必要がある．すなわち，変形が集中する領域には細かい要素を，変形の規模が小さいと思われる箇所には比較的大きな要素を生成することによって，計算精度を担保しつつ解析時間を極力短くする工夫が必要である．

図 8.4 にせん断工具刃先における要素サイズ指定領域であるサブドメインの配置例を，図 8.5 に工具刃先周辺における要素配置例を示す．この例では，工具刃先周辺の狭領域に工具刃先半径の半分のサイズの要素を配し，工具刃先円弧中心を基準位置として，同心円状にサブドメイン分割を行っている．要素サイズはその位置が工具刃先から離れるほど徐々に大きくなっている．このようなアダプティブメッシング機能は，近年，種々の商用コードにも装備されている．ほかにもひずみ，ひずみ速度および温度などの種々の物理量分布の勾配が大きい領域に，より細かい要素を配するなど，自由度の高いメッシングが可能となっており，せん断加工の解析は比較的容易になってきている．

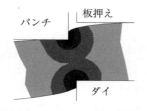

図 8.4　サブドメインの配置例

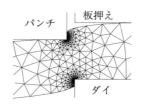

図 8.5　工具刃先周辺における要素配置例

8.2.2 リメッシング

前述のとおり，せん断加工ではきわめて狭い領域に大きな変形が集中するため，FEMを用いた変形解析においては当該領域の要素が数ステップですぐにつぶれてしまい，解析を続けることが不可能になってしまう．すなわち，工具刃先がわずかに降下するだけで，工具先端付近の要素のみが大きくゆがんでしまい，数値積分が不可能となってしまう．したがって，解析途中での要素の再構築（リメッシング）を行うことが必要である．図8.6にリメッシングの例を示す．リメッシングの際には，旧メッシュの節点あるいは積分点における各種の物理量を新しいメッシュに引き継ぐ，いわゆるリマッピングが必要であるが，損傷値

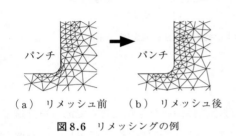

（a）リメッシュ前　（b）リメッシュ後

図8.6 リメッシングの例

（ダメージ値）のように，その分布がきわめて局所化しやすいものについては，リマッピングの際に近傍領域において，その分布が平均化されることがあり，ステップの進行とともに要素サイズを細かくしていく（アダプティブリメッシング[5]）など当該領域における自由度に十分注意する必要がある（図8.7参照）．

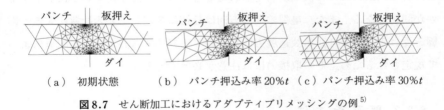

（a）初期状態　　（b）パンチ押込み率20%t　（c）パンチ押込み率30%t

図8.7 せん断加工におけるアダプティブリメッシングの例[5]

8.3 FEMにおける亀裂の表現

せん断加工に限らず，FEM解析における材料分離を表現する手法として，破壊発生点における要素の除去[6]または節点の分離[3]が用いられることがある

（**図**8.8参照）．これらの手法においては，後述する破壊条件によってすべての節点または要素において破壊発生を判定し，破壊条件が満たされた段階で節点分離および要素除去を実施する．

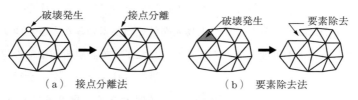

（a） 接点分離法　　　　　　（b） 要素除去法

図8.8　節点分離法および要素除去法の概念図

8.3.1　節 点 分 離 法

各節点において破壊発生を判定し，破壊条件が満たされた時点で節点を分離する（図8.8（a）参照）．この操作によって，連続体内部に存在していた要素の辺が自由表面となる．このように，要素の幾何学的変化を処理した後に，周辺の応力状態変化（応力緩和など）を計算し，所定の時間ステップの終了時点までこの一連の操作を繰り返す．3要素以上に共有される節点において破壊が判定された場合には，亀裂進展方向を何らかの手法で決定する必要があり，また材料内部において破壊が判定された場合には，内部損傷をいかに表現するかが問題となる．また，亀裂の進展方向は最初に規定した要素配置に大きく影響を受ける．つまり，亀裂進展方向がそのアルゴリズムおよび要素配置によって規定されるため，その取扱いには注意が必要である．

8.3.2　要 素 除 去 法

各要素において破壊発生を判定し，破壊条件が満たされた時点で要素を除去する（図8.8（b）参照）．連続体内部に空洞が発生するため，存在していた要素の各辺が自由表面となる．節点分離法と同様に要素の幾何学的変化を処理した後に，周辺の応力状態変化を計算する作業を，時間ステップの終了時点まで繰り返す．要素除去法においては体積損失が問題となるため，要素サイズを

十分小さくする必要があるが,解析負荷が増大する可能性がある.

8.3.3 ボイド理論に基づく方法

延性破壊とは塑性変形を伴って生じる破壊現象の総称であり,この中でも引張応力場における塑性変形によって誘発される材料内部における微小空孔(ボイド)の生成,成長および合体(損傷発展)を経て最終破断に至る破壊現象を微小ボイド合体型延性破壊と呼ぶ.塑性加工において生じる延性破壊現象は,これが支配的である.

解析では,損傷発展モデル式によって材料内の物体点における空孔体積率 f を計算し,これが材料に依存するしきい値(破壊臨界空孔率 f_F)を超えた段階で破壊発生を判定する.もちろん,これをもって節点分離または要素除去を実施することも可能である.一方,メッシュにおける空孔体積率分布において $f=f_F$ である等高線を材料外形線として取り扱うことによって,亀裂形状を要素外形によって表現するのではなく,空孔体積率が f_F を越えた領域をポスト処理によって亀裂形状として表示する(図 8.9 参照)[7].

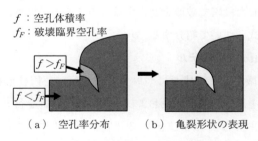

図 8.9 空孔体積率による亀裂形状の表現

8.3.4 その他の手法

近年,拡張(型)有限要素法(eXtended FEM, X-FEM)と呼ばれる手法が研究されている[8]~[10].FEM においては,有限要素内の領域における種々の物理量が連続的に分布することを前提に設計されている.このため,逆にいう

と，物理量の不連続性を表現することはできない．X-FEM においては，要素における物理量の不連続性を表せるように拡張が行われており，要素を横切る亀裂を表現することが可能である．連続体における亀裂の生成・進展解析ならびに亀裂先端の特異応力場の計算などに応用されている．

また寺田らは，近似関数の定義される数学的な領域（数学被覆）と支配方程式を満足すべき物理的な部分領域（物理被覆）とを分離する被覆という概念を導入することで，初期の要素分割形状とは無関係に物理的な不連続面を付加することができる有限被覆法を開発し，亀裂などの不連続面の進展解析を実現している[11),12)]．

8.4 延性破壊条件

8.4.1 積分型延性破壊条件式

材料内の各物体点において破壊条件式によって定義される損傷値（ダメージ値）を計算し，ひずみ履歴に沿って積分した値が材料固有の限界値（限界ダメージ値）に達した段階で破壊を認定するものである．以下に，代表的な積分型延性破壊条件式について紹介する．

〔1〕 **McClintock のモデル**

McClintock は微小空孔の成長について考察を行い，円柱形状および楕円体形状空孔モデルを用いた空孔成長および合体の理論解析を行った[13)]．空孔界面における二つの主応力 σ_1 および σ_2 の変化履歴を追跡することによって，空孔生成および成長を判断するモデルを提案した．破壊条件は次式で定義される．

$$\int^{\bar{\varepsilon}_f} \left[\frac{\sqrt{3}}{2(1-n)} \sinh \left\{ \frac{\sqrt{3}(1-n)}{2} \frac{\sigma_1+\sigma_2}{\bar{\sigma}} \right\} + \frac{3}{4} \frac{\sigma_1-\sigma_2}{\bar{\sigma}} \right] d\bar{\varepsilon} = C_1 \qquad (8.1)$$

ここで，$d\bar{\varepsilon}$ および $\bar{\varepsilon}_f$ はそれぞれ相当ひずみ増分および破断相当ひずみであり，n は加工硬化指数，$\bar{\sigma}$ は相当応力である．C_1 は材料固有の値で限界ダメージ値と呼ばれる．

Taupin らは破壊条件として本モデルを採用し，低炭素鋼および高炭素鋼の

軸対称せん断解析を行っている[6]．

〔2〕 **Cockcroft & Latham のモデル**

Cockcroft と Latham は最大垂直応力の変化履歴に沿った積分値が限界ダメージ値に達した時点で破壊を認定するモデルを提案し，ねじり，曲げ，押出しおよび圧延の各加工においてその妥当性を検討している[14]．破壊条件は次式で定義される．

$$\int_0^{\bar{\varepsilon}_f} \sigma_{\max} d\bar{\varepsilon} = C_2 \qquad (8.2)$$

ここで，$\sigma_{\max}$ は最大垂直応力である．

Ko らは Cockcroft & Latham のモデルを採用し，パンチ下降速度およびせん断部の温度がせん断加工特性に及ぼす影響を検討している[15]．

〔3〕 **Ayada のモデル**

Ayada らは軸押出し加工の中心割れの研究において，平均垂直応力と相当応力によって表現される破壊条件式を提案している[16]．破壊条件は次式で定義される．

$$\int_0^{\bar{\varepsilon}_f} \frac{\sigma_m}{\bar{\sigma}} d\bar{\varepsilon} = C_3 \qquad (8.3)$$

ここで，σ_m は平均応力である．また，$\sigma_m/\bar{\sigma}$ は応力三軸度であり，応力多軸度を表すパラメーターである．

Thipprakmas らは DEFORM2D による精密せん断の変形解析を行い，Ayada のモデルを用いて，穿孔した孔のフランジ加工性の検討を行った[17]．

8.4.2 ボイド理論に基づく方法

8.3.3項でも述べたとおり，材料内の各物体点において空孔体積率 f を計算し，破壊はこれが破壊臨界空孔率 f_F を上回った箇所で発生すると仮定する手法が提案されている．空孔体積率の変化については，Tvergaard[18] によって損傷発展の一般式が提案されている．損傷発展は空孔体積率の変化速度 $\dot{f}$ で表され，空孔体積率 f は次式で表される．

$$f = \int \dot{f}\, dt \tag{8.4}$$

〔1〕 **空孔生成モデル**

空孔体積率の変化速度 $\dot{f}$ は，空孔生成速度 $\dot{f}_{Nucleation}$ と空孔成長速度 $\dot{f}_{Growth}$ との和であるという仮定が用いられており，これは次式のように表される．

$$\frac{df}{dt} = \dot{f} = \dot{f}_{Nucleation} + \dot{f}_{Growth} \tag{8.5}$$

ここで，生成速度項は以下のように示される．

$$\dot{f}_{Nucleation} = D\dot{\varepsilon}_M^{pl} \tag{8.6}$$

$\dot{\varepsilon}_M^{pl}$ は母材の相当ひずみ速度であり，生成項の係数 D はつぎのように表される[18]．

$$D = \frac{f_N}{s_N\sqrt{2\pi}} \exp\left\{-\frac{1}{2}\left(\frac{\varepsilon_M^{pl} - \varepsilon_N}{s_N}\right)^2\right\} \tag{8.7}$$

f_N, s_N および ε_N は，それぞれ空孔生成の原因となる材料内要素の体積率，標準偏差および空孔生成に必要な塑性ひずみ（空孔生成臨界ひずみ）を示し，共に材料定数である．係数 D は母材の相当ひずみ ε_M^{pl} が空孔生成臨界ひずみ ε_N に達したとき，空孔生成速度が最大となることを示している．

〔2〕 **空孔成長モデル**

体積ひずみによる空孔成長モデルを示す．

$$\dot{f}_{Growth} = (1-f)\dot{\varepsilon}_{kk}^p \tag{8.8}$$

$\dot{\varepsilon}_{kk}^p$ は体積ひずみ速度であり，空孔の成長は空孔周囲の体積ひずみ変化により支配されていることを示す．

〔3〕 **空孔合体後の挙動モデル**

空孔の合体は有効空孔率 f^* で考慮されており，つぎのように表される[19]．

$$f^* = \begin{cases} f & (f < f_C) \\ f_C + \dfrac{f_U^* - f_C}{f_F - f_C}(f - f_C) & (f \geq f_C) \end{cases} \tag{8.9}$$

f_C は空孔の合体が始まる合体開始臨界空孔率,f_F は破断が生じたとみなす破壊臨界空孔率である.空孔体積率が f_C より大きくなると,空孔合体によって急激に材料の応力負担能が低下する現象を,空孔体積率を最大有効空孔率 f_U^* まで増加させることによって考慮する.このような空孔の生成,成長および合体を考慮した空孔体積率を有効空孔率と呼ぶ.

〔4〕 **Gurson 型降伏関数の適用**

前項で述べたボイド理論を FEM 解析に適用する際には応力-ひずみ関係式(構成則)において,特別な取扱いが必要である.通常,塑性変形においては体積一定が満足される必要があるが,材料内でボイドが発生および成長すれば,その周辺の巨視的な体積は膨張する.すなわち,材料の非圧縮性を仮定した一般的な定式化の下では,例えば,式 (8.8) における体積ひずみ速度 $\dot{\varepsilon}_{kk}^p$ は 0 であり,すなわちボイドの体積変化を取り扱うことはできない.

空孔の影響を考慮した圧縮性材料モデルの一つに Gurson 型降伏関数[20]がある.これは,無限媒体中に 1 個の球形または円筒状空孔が存在する場合の解析に基づいたものである.Tvergaard は,空孔が格子状に規則的に並ぶ多孔質連続体モデルの数値計算結果を精査して Gurson 型降伏関数に係数を導入し,実現象に合うように修正を提案している[18].Tvergaard による修正 Gurson 型降伏関数を次式に示す.

$$\Phi = \frac{\sigma_e^2}{\sigma_M^2} + 2f^* q_1 \cosh\left(\frac{q_2}{2}\frac{\sigma_{kk}}{\sigma_M}\right) - (1 + q_3 f^{*2}) = 0 \tag{8.10}$$

ここで,σ_{ij} は空孔を含んだ連続体に作用する Cauchy 応力,σ_M は母材の降伏応力である.f^* は空孔体積率 f の関数で有効空孔率であり,$q_1 \sim q_3$ は Tvergaard によって導入された修正パラメーターである.また,式 (8.9) における f_U^* は $1/q_1$ で定義される.本降伏関数は,空孔体積率変化による連続体の巨視的な体積変化を許し,空孔成長に影響を及ぼす体積ひずみ速度とリンクする.

8.5　せん断加工の有限要素解析事例

8.5.1　慣用せん断の変形解析

　ダイと板押え（ストリッパー）によって素板を固定し，パンチを降下することによって材料をせん断する，いわゆる慣用せん断の解析事例が種々発表されている．

　高石らは，平面ひずみおよび軸対称打抜きにおける弾塑性解析を行い，加工初期段階での工具面圧およびせん断荷重，せん断加工部における応力分布および素材形状変化の計算に成功した[21]．竹増らはパーティクル流れモデルを用い，工具刃先特異点モデルを導入することによって大変形領域（パンチ押込み量 80% t 近傍）までの解析を実現した[22]．また，Popat らは平面ひずみせん断におけるせん断荷重-ストローク線図を弾塑性解析によって求めており，その中で最大パンチ荷重および亀裂発生時のストロークがどのように変化するかを，素材の加工硬化率を変化させて実施した数値実験によって考察している[23]．また Faura らは，ステンレス板材の平面ひずみせん断解析に汎用コード ANSYS（ANSYS 社）を用い，相当塑性ひずみが一定値に達したときに亀裂が発生すると仮定した上で，クリアランスが亀裂角度に及ぼす影響を検討した[4]．

　このように，せん断加工の変形解析に関する比較的初期の研究において，せん断荷重などの加工特性に及ぼすクリアランスをはじめとする加工因子の影響について検討が重ねられている．

8.5.2　工具刃先の取扱い

　前項までに取り上げたせん断加工解析事例における工具刃先の節点および要素の取扱いについては，特異点として扱う方法[22]と刃先を円弧で表現して解析する方法[24]の2種類がおもに用いられている．近年においては，後者がより多く用いられる傾向にあるが，その円弧半径が大きいと現実の工具刃先形状を模擬することはできない．しかしながら，工具刃先半径を小さくすると，工具刃

先の要素内への侵入が生じるため，これに伴って周辺の要素もきわめて小さく設定する必要があるため，8.2.2項で示したアダプティブリメッシングを適用することになる．湯川らは，本機能を導入した剛塑性有限要素コードに摩耗したパンチ形状を取り入れて解析を行い，工具刃先ならびにクリアランス内部のひずみ分布などについて検討している[5]．

8.5.3 亀裂発生および進展予測

慣用せん断において生じるかえりおよび破断面は，最終製品品質および次工程の作業性に直接的に悪影響を与えるため，これらをなるべく生じさせない，あるいは抑制する工夫がなされる．これらが発生する原因および効果的な制御方法が理論的に検討できれば，きわめて有用である．

〔1〕 積分型延性破壊条件式の適用

Taupinらは破壊条件としてMcClintockのモデル[13]を採用し，汎用解析コードDEFORM2D (SFTC社) を用いて，低炭素鋼および高炭素鋼の軸対称せん断解析を行った[6]．内部で破壊が発生したと判定された要素は削除し，これによって亀裂発生および進展を表現する手法（以下，要素除去法）を用いて解析が行われた．Koらも同様にDEFORM2Dを用いてCockcroft & Latham[14]のモデルを採用し，パンチ降下速度および温度が加工特性に及ぼす影響を検討している[15]．

〔2〕 ボイド理論に基づく方法

小森は，多孔質体降伏関数の一種であるGursonの降伏関数を剛塑性有限要素法に適用し，軸対称せん断加工の変形解析を行った．各節点において空孔体積率変化（損傷発展）を計算し，その値がしきい値に達した段階で破壊発生を認定し，当該節点を分離して亀裂発生および進展を表現するいわゆる節点分離法を採った[2),3)]．Samuelらは修正Gurson型降伏関数と損傷発展モデルを用いる，いわゆるGTN (Gurson-Tvergaard-Needlman) モデルを用い，汎用解析コードMARC (MSC社) によってアルミキルド鋼板の軸対称せん断加工解析を行った[24]．吉田らは，GTNモデルを用いて剛塑性有限要素解析コードを構

築し，空孔体積率がしきい値を越えた領域をポスト処理で白く表示することで亀裂形状を表現している[7]．一方，Hambli らは Le Maître の損傷モデル（Le Maître's damage model，LMD）を採用し，汎用解析コード ABAQUS/standard （SIMULIA 社）によって鋼板の軸対称せん断解析を行っている[25]～[27]．

8.5.4 精密打抜き（ファインブランキング）の変形解析

慣用せん断における問題点の一つに破断面の形成がある．これは製品の美観を損なうだけでなく，次工程における金型損耗および素材端部からの割れ発生など，不具合の原因となる．破断面を生じさせずに全せん断面を得る加工法の一つに精密打抜き（ファインブランキング，FB）があり，近年広く用いられている．本加工法においては V リング工具などを素材に押し込み，さらにカウンターパンチで背圧を付与することによって材料を拘束し，その静水圧効果を利用して，亀裂を生じさせることなく，平滑切口面を得る．しかしながら，突起工具による圧縮下での素材内部の応力状態ならびに材料流動について，実験的に把握することは困難であり，効率的な工程設計のためにもやはり変形解析などの手法によって理論的に理解されるべきである．また，FB においてはクリアランスが板材の数%以下であるため，変形領域もきわめて狭く，その計算は決して容易とはいえない．

Lee らは突起を有する板押えを用いた FB の剛塑性解析を，二次元軸対称問題として行った．その中で，板厚 4 mm の素材内部における相当応力および相当ひずみ分布の計算を行っているが，破壊予測および亀裂進展解析は行われていない[28]．Hambli らは，LMD を搭載した ABAQUS を用いて軸対称 FB の変形解析を行った．その中で，Rice & Tracy のモデルを拡張した圧縮応力場の影響を考慮する新たな破壊予測モデルを提案し，これが FB において LMD よりも精度の良い結果をもたらすことを示した[29]．Kwak らは延性破壊条件に Cockcroft & Latham のモデルを採用し，DEFORM2D にて厚さ 4.5 mm の鋼板における軸対称 FB の剛塑性有限要素解析を行い，要素除去によってせん断加工部形状を表現した[30]．同様に Thipprakmas らは DEFORM2D による FB の変

形解析を行い,Ayada のモデル[16]を用いて,穿孔した孔のフランジ加工性の検討を行った[17]. また, 二次せん断面形成過程について実験結果と解析結果を比較し, Rice & Tracy モデルの優位性を示した[31]. また, 同様の手法で FB における V リングが FB 加工特性に及ぼす影響を検討した[32].

引用・参考文献

1) 竹増光家・尾崎龍夫・山崎進:塑性と加工, **36**-418 (1995), 1318-1323.
2) 小森和武:同上, **38**-433 (1997), 129-134.
3) Komori, K.:Comput. Struct., **79** (2001), 197-207.
4) Faura, F., Garcia, A. & Estrems, M.:J. Mater. Process. Technol., **80**-81 (1998), 121-125.
5) 湯川伸樹・犬飼佳彦・吉田佳典・石川孝司・神馬敬:塑性と加工, **39**-454 (1998), 1129-1133.
6) Taupin, E., Breitling, J., Wu, W. & Altan, T.:J. Mater. Process. Technol., **59** (1996), 68.
7) 吉田佳典・湯川伸樹・石川孝司・細野定一・村瀬道徳:塑性と加工, **44**-510 (2003), 435-739.
8) Belytschko, T. & Black, T.:Int. J. Numer. Meth. Engng., **45**-5 (1999), 601-620.
9) Moës, N., Dolbow, J. & Belytschko, T.:*ibid.*, **46**-1 (1999), 131-150.
10) Belytschko, T., Moës, N., Usui, S. & Parimi, C.:*ibid.*, **50**-4 (2001), 993-1013.
11) 浅井光輝・寺田賢二郎:有限被覆法による不連続面進展解析, 応用力学論文集, 6 (2003), 193-200.
12) Terada, K., Ishii, T., Kyoya, T. & Kishino, Y.:Finite cover method for progressive failure with cohesive zone fracture in heterogeneous solids and structures, Computational Mechanics, **39**-2 (2007), 191-210.
13) McClintock, F. A.:J. Appl. Mech., 35 (1968), 363-371.
14) Cockcroft, M. G. & Latham, D. J.:J. Inst. Met., **96** (1968), 33-36.
15) Ko, D. -C., Kim, B. -M. & Choi, J. -C.:J. Mater. Process. Technol., **72** (1997), 129-140.
16) Ayada, T., Higashino, T. & Mori, K.:Proc. of 1st ICTP, Advanced Technology of Plasticity, **1** (1984), 553-558.
17) Thipprakmas, S., Jin, M. & Murakawa, M.:J. Mater. Process. Technol., **192**-193

(2007), 128-133.
18) Tvergaard, V. : Int. J. Fract., **17**-4 (1981), 389-407.
19) Chu, C. & Needleman, A. : J. Eng. Mater. Technol., **102** (1980), 249-256.
20) Gurson, A. L. : *ibid.*, **99**-1 (1977), 2-15.
21) 高石和年・前田禎三：塑性と加工, **21**-236 (1980), 784-791.
22) 竹増光家・尾崎龍夫・山崎進：同上, **36**-418 (1995), 1318-1323.
23) Popat, P. B., Ghosh, A. & Kishore, N. N. : J. Mech. Work. Technol., **18** (1989), 269-282.
24) Samuel, M. : J. Mater. Process. Technol., **84** (1998), 97-106.
25) Hambli, R. & Potiron, A. : *ibid.*, **102** (2000), 257-265.
26) Hambli, R. : Int. J. Mech. Sci., **43** (2001), 2769-2790.
27) Hambli, R. : Int. J. Adv. Manuf. Technol., **19** (2002), 403-410.
28) Lee, T. C., Chan, L. C. & Zheng, P. F. : J. Mater. Process. Technol., **63** (1997), 744-749.
29) Hambli, R. : Eng. Fract. Mech., **68** (2001), 365-378.
30) Kwak, T. S., Kim, Y. J. & Bae, W. B. : J. Mater. Process. Technol., **130**-**131** (2002), 462-468.
31) Thipprakmas, S., Jin, M., Kanaizuka, T., Yamamoto, K. & Murakawa, M. : *ibid.*, **198** (2008), 391-398.
32) Thipprakmas, S. : Mater. Des., **30** (2009), 526-531.

索引

【あ】
圧縮打抜き　160
穴あけ加工　5
穴抜き加工　5
アブレシブ摩耗　48
アモルファス合金　143

【い】
板押え　11, 61, 112
板押え力　108
異方性　41

【う】
打抜き加工　5
打抜き輪郭　32, 74

【お】
遅れ破壊　132, 137
押込み力　29
温間シェービング　96
温度依存性　25

【か】
回転動によるせん断　2
ガイドブシュ　181
ガイドポスト　181
カウンターブランキング　105
かえり　11, 16, 64
かえりなしせん断法　102
加工温度　34
加工速度　34
重ね板シェービング法　94
かす上がり　72
かす詰り　72
かす取り力　29, 168
型構造　174
型材料　185

【き】
加熱せん断　161
ガラス繊維強化複合材料　158
簡易バリ低減せん断法　106
管材のせん断法　125
慣性効果　121

【き】
キッカーピン　76
逆押え　84
逆押え力　42
凝着摩耗　48
切口面　29
切込み加工　5
亀裂　12
ギロチン式シヤー　230

【く】
くぼみ摩耗　47
クラック　12
クリアランス　11, 29, 58, 74, 109, 122, 171

【け】
軽量化ラミネート鋼板　163
削り抜き法　95

【こ】
小穴抜き　5, 32
コイルブランキング　104
高強度鋼板　131
合金工具鋼　185
工具材　54
工具摩耗　46
高速せん断装置　124
高速せん断法　120
拘束せん断法　125
高速度工具鋼　186

【さ】
最大せん断荷重　17, 22
材料ガイド　180
サーボプレス　212
桟幅　17, 33
残留応力　111

【し】
仕上げ抜き　89
シェービング　93, 134, 142, 162
シヤー角　26
シヤーリング　5
樹指複合鋼板　163
潤滑剤　59
順送型　167
上下抜き　103
除去切断　1
真円度　39
心金　127
振動仕上げ抜き　154
振動シェービング法　95
振動式上下抜き　159

【す】
水素脆性割れ　137
数値解析　235
ストリッパー　11, 179
ストリップレイアウト　77
スプリングバック　36
スリッター　222
寸法精度　36

【せ】
制振鋼板　163
青熱脆性　25
精密打抜き法　81

精密せん断 80	【な】	複合加工 88, 221
セラミックグリーンシート 147	ナイフ刃による突切り 154	複合型 167
セラミックス 192	斜めくぼみ摩耗 47	複合機 221
せん断エネルギー 26	斜め摩耗 47	複合材料 154
せん断荷重 22, 168	【に】	縁取り加工 5
せん断型 167	二次せん断 16	プレス機械 197
せん断仕事 22	二次せん断面 30	プレスせん断 2
せん断線図 17	二重突切り型 126	フローパンチング法 95
せん断速度 24, 61	【ぬ】	フローブランキング法 95
せん断抵抗 22, 150	抜きレイアウト 172	分断加工 5
せん断面 11	【ね】	粉末高速度工具鋼 186
【そ】	熱可塑性プラスチック 149	【へ】
総抜き型 167	【は】	偏 心 40
側方力 28	パイロット 181	【ほ】
【た】	破壊切断 1	棒管材のせん断加工 114
ダ イ 11, 177	刃角丸み 90	【ま】
対向ダイスせん断法 97	箔 143	マグネシウム合金板 140
ダイセット 181	薄層せん断 20	マトリックスハイス 186
だ れ 11	破断面 11	【み】
タレットパンチプレス 214	パンチ 11, 111, 177	ミスフィード 182
だれなしせん断加工 107	パンチング金型 219	【ゆ】
単純せん断 19	【ひ】	有限要素法 235
単抜き型 167	被加工材 61	【り】
断熱効果 121	表面処理 56, 70, 193	リリーフ 120
【ち】	表面焼け 121	理論解析 19
超音波振動打抜き 160	平押し法 105	【ろ】
超硬合金 186	疲 労 132	ローリングカットシヤー 232
【つ】	疲労強度 139	【わ】
突切り型 126	【ふ】	湾 曲 41
【と】	ファインブランキング 81	
取り代 94	フェノール樹指積層板 155	

【P】	【V】
PW パンチ 92	V字形突起 86

せん断加工──プレス切断加工の基礎と活用技術──
Shearing — Basis and Utilized Technology of Press Shearing
Ⓒ 一般社団法人　日本塑性加工学会　2016

2016 年 6 月 30 日　初版第 1 刷発行

検印省略	編　　者	一般社団法人 **日 本 塑 性 加 工 学 会** 東京都港区芝大門 1-3-11 Y・S・K ビル 4F
	発 行 者	株式会社　コロナ社 代 表 者　牛来真也
	印 刷 所	萩原印刷株式会社

112-0011　東京都文京区千石 4-46-10
発行所　株式会社　コ ロ ナ 社
CORONA PUBLISHING CO., LTD.
Tokyo Japan
振替 00140-8-14844・電話 (03) 3941-3131 (代)

ホームページ　http://www.coronasha.co.jp

ISBN 978-4-339-04374-7　　（横尾）　　（製本：愛千製本所）
Printed in Japan

本書のコピー，スキャン，デジタル化等の
無断複製・転載は著作権法上での例外を除
き禁じられております。購入者以外の第三
者による本書の電子データ化及び電子書籍
化は，いかなる場合も認めておりません。

落丁・乱丁本はお取替えいたします

機械系教科書シリーズ

(各巻A5判，欠番は品切です)

- ■編集委員長　木本恭司
- ■幹　事　　　平井三友
- ■編集委員　　青木　繁・阪部俊也・丸茂榮佑

配本順		書名	著者	頁	本体
1.	(12回)	機械工学概論	木本恭司 編著	236	2800円
2.	(1回)	機械系の電気工学	深野あづさ 著	188	2400円
3.	(20回)	機械工作法(増補)	平井三友・和田任弘・塚田忠夫 共著	208	2500円
4.	(3回)	機械設計法	本田純一・田中誠一・朝比奈奎一・黒田孝春・山口健二・古川正志・荒井　榮・吉浜勝斎己 共著	264	3400円
5.	(4回)	システム工学	村川正夫・荒井栄徳・古浜庄一・吉浜藏己 共著	216	2700円
6.	(5回)	材料学	久保井徳洋・樫原恵藏 共著	218	2600円
7.	(6回)	問題解決のためのCプログラミング	佐中藤村次男理郎 共著	218	2600円
8.	(7回)	計測工学	前田良一・木押田至州・村野水秀雅・田橋部雄也 共著	220	2700円
9.	(8回)	機械系の工業英語	牧髙生阪晴俊司・本佑恭忠 共著	210	2500円
10.	(10回)	機械系の電子回路	丸木榮茂本 共著	184	2300円
11.	(9回)	工業熱力学	藪伊藤井本田崎民恭友光紀雅彦 共著	254	3000円
12.	(11回)	数値計算法		170	2200円
13.	(13回)	熱エネルギー・環境保全の工学	山坂田本坂口石村内明夫誠 共著	240	2900円
15.	(15回)	流体の力学	吉米山木正 共著	208	2500円
16.	(16回)	精密加工学		200	2400円
17.	(17回)	工業力学		224	2800円
18.	(18回)	機械力学	青木 繁 著	190	2400円
19.	(29回)	材料力学(改訂版)	中島正貴 著	216	2700円
20.	(21回)	熱機関工学	越老本部飯田吉阪田川智固敏潔隆俊明恭賢光弘一也一順 共著	206	2600円
21.	(22回)	自動制御		176	2300円
22.	(23回)	ロボット工学	早櫟矢野松重高大弘明彦一男 共著	208	2600円
23.	(24回)	機構学		202	2600円
24.	(25回)	流体機械工学	小丸池勝茂尾匡野佑秀 共著	172	2300円
25.	(26回)	伝熱工学	牧永 共著	232	3000円
26.	(27回)	材料強度学	境田彰芳 編著	200	2600円
27.	(28回)	生産工学—ものづくりマネジメント工学—	本位田光重皆川健太郎 共著	176	2300円
28.		CAD／CAM	望月達也 著		

定価は本体価格+税です。
定価は変更されることがありますのでご了承下さい。

図書目録進呈◆

シミュレーション辞典

日本シミュレーション学会 編
A5判／452頁／本体9,000円／上製・箱入り

◆編集委員長　大石進一（早稲田大学）
◆分野主査　山崎　憲（日本大学），寒川　光（芝浦工業大学），萩原一郎（東京工業大学），
　　　　　　矢部邦明（東京電力株式会社），小野　治（明治大学），古田一雄（東京大学），
　　　　　　小山田耕二（京都大学），佐藤拓朗（早稲田大学）
◆分野幹事　奥田洋司（東京大学），宮本良之（産業技術総合研究所），
　　　　　　小俣　透（東京工業大学），勝野　徹（富士電機株式会社），
　　　　　　岡田英史（慶應義塾大学），和泉　潔（東京大学），岡本孝司（東京大学）

（編集委員会発足当時）

シミュレーションの内容を共通基礎，電気・電子，機械，環境・エネルギー，生命・医療・福祉，人間・社会，可視化，通信ネットワークの8つに区分し，シミュレーションの学理と技術に関する広範囲の内容について，1ページを1項目として約380項目をまとめた．

- Ⅰ　**共通基礎**（数学基礎／数値解析／物理基礎／計測・制御／計算機システム）
- Ⅱ　**電気・電子**（音　響／材　料／ナノテクノロジー／電磁界解析／VLSI設計）
- Ⅲ　**機　械**（材料力学・機械材料・材料加工／流体力学／熱工学／機械力学・計測制御・生産システム／機素潤滑・ロボティクス・メカトロニクス／計算力学・設計工学・感性工学・最適化／宇宙工学・交通物流）
- Ⅳ　**環境・エネルギー**（地域・地球環境／防　災／エネルギー／都市計画）
- Ⅴ　**生命・医療・福祉**（生命システム／生命情報／生体材料／医　療／福祉機械）
- Ⅵ　**人間・社会**（認知・行動／社会システム／経済・金融／経営・生産／リスク・信頼性／学習・教育／共　通）
- Ⅶ　**可視化**（情報可視化／ビジュアルデータマイニング／ボリューム可視化／バーチャルリアリティ／シミュレーションベース可視化／シミュレーション検証のための可視化）
- Ⅷ　**通信ネットワーク**（ネットワーク／無線ネットワーク／通信方式）

本書の特徴

1. シミュレータのブラックボックス化に対処できるように，何をどのような原理でシミュレートしているかがわかることを目指している．そのために，数学と物理の基礎にまで立ち返って解説している．
2. 各中項目は，その項目の基礎的事項をまとめており，1ページという簡潔さでその項目の標準的な内容を提供している．
3. 各分野の導入解説として「分野・部門の手引き」を供し，ハンドブックとしての使用にも耐えうること，すなわち，その導入解説に記される項目をピックアップして読むことで，その分野の体系的な知識が身につくように配慮している．
4. 広範なシミュレーション分野を総合的に俯瞰することに注力している．広範な分野を総合的に俯瞰することによって，予想もしなかった分野へ読者を招待することも意図している．

定価は本体価格+税です．
定価は変更されることがありますのでご了承下さい．

図書目録進呈◆

新コロナシリーズ

（各巻B6判，欠番は品切です）

			頁	本体
2.	ギャンブルの数学	木下栄蔵著	174	1165円
3.	音戯話	山下充康著	122	1000円
4.	ケーブルの中の雷	速水敏幸著	180	1165円
5.	自然の中の電気と磁気	高木相著	172	1165円
6.	おもしろセンサ	國岡昭夫著	116	1000円
7.	コロナ現象	室岡義廣著	180	1165円
8.	コンピュータ犯罪のからくり	菅野文友著	144	1165円
9.	雷の科学	饗庭貢著	168	1200円
10.	切手で見るテレコミュニケーション史	山田康二著	166	1165円
11.	エントロピーの科学	細野敏夫著	188	1200円
12.	計測の進歩とハイテク	高田誠二著	162	1165円
13.	電波で巡る国ぐに	久保田博南著	134	1000円
14.	膜とは何か ―いろいろな膜のはたらき―	大矢晴彦著	140	1000円
15.	安全の目盛	平野敏右編	140	1165円
16.	やわらかな機械	木下源一郎著	186	1165円
17.	切手で見る輸血と献血	河瀬正晴著	170	1165円
19.	温度とは何か ―測定の基準と問題点―	櫻井弘久著	128	1000円
20.	世界を聴こう ―短波放送の楽しみ方―	赤林隆仁著	128	1000円
21.	宇宙からの交響楽 ―超高層プラズマ波動―	早川正士著	174	1165円
22.	やさしく語る放射線	菅野・関共著	140	1165円
23.	おもしろ力学 ―ビー玉遊びから地球脱出まで―	橋本英文著	164	1200円
24.	絵に秘める暗号の科学	松井甲子雄著	138	1165円
25.	脳波と夢	石山陽事著	148	1165円
26.	情報化社会と映像	樋渡涓二著	152	1165円
27.	ヒューマンインタフェースと画像処理	鳥脇純一郎著	180	1165円
28.	叩いて超音波で見る ―非線形効果を利用した計測―	佐藤拓宋著	110	1000円
29.	香りをたずねて	廣瀬清一著	158	1200円
30.	新しい植物をつくる ―植物バイオテクノロジーの世界―	山川祥秀著	152	1165円
31.	磁石の世界	加藤哲男著	164	1200円
32.	体を測る	木村雄治著	134	1165円
33.	洗剤と洗浄の科学	中西茂子著	208	1400円

			頁	本体
34.	電気の不思議 ―エレクトロニクスへの招待―	仙石正和編著	178	1200円
35.	試作への挑戦	石田正明著	142	1165円
36.	地球環境科学 ―滅びゆくわれらの母体―	今木清康著	186	1165円
37.	ニューエイジサイエンス入門 ―テレパシー,透視,予知などの超自然現象へのアプローチ―	窪田啓次郎著	152	1図円
38.	科学技術の発展と人のこころ	中村孔治著	172	1165円
39.	体 を 治 す	木村雄治著	158	1200円
40.	夢を追う技術者・技術士	CEネットワーク編	170	1200円
41.	冬季雷の科学	道本光一郎著	130	1000円
42.	ほんとに動くおもちゃの工作	加藤孜著	156	1200円
43.	磁石と生き物 ―からだを磁石で診断・治療する―	保坂栄弘著	160	1200円
44.	音の生態学 ―音と人間のかかわり―	岩宮眞一郎著	156	1200円
45.	リサイクル社会とシンプルライフ	阿部絢子著	160	1200円
46.	廃棄物とのつきあい方	鹿園直建著	156	1200円
47.	電波の宇宙	前田耕一郎著	160	1200円
48.	住まいと環境の照明デザイン	饗庭貢著	174	1200円
49.	ネコと遺伝学	仁川純一著	140	1200円
50.	心を癒す園芸療法	日本園芸療法士協会編	170	1200円
51.	温泉学入門 ―温泉への誘い―	日本温泉科学会編	144	1200円
52.	摩擦への挑戦 ―新幹線からハードディスクまで―	日本トライボロジー学会編	176	1200円
53.	気象予報入門	道本光一郎著	118	1000円
54.	続もの作り不思議百科 ―ミリ,マイクロ,ナノの世界―	JSTP編	160	1200円
55.	人のことば,機械のことば ―プロトコルとインタフェース―	石山文彦著	118	1200円
56.	磁石のふしぎ	茂吉・早川共著	112	1000円
57.	摩擦との闘い ―家電の中の厳しき世界―	日本トライボロジー学会編	136	1200円
58.	製品開発の心と技 ―設計者をめざす若者へ―	安達瑛二著	176	1200円
59.	先端医療を支える工学 ―生体医工学への誘い―	日本生体医工学会編	168	1200円
60.	ハイテクと仮想の世界を生きぬくために	齋藤正男著	144	1200円
61.	未来を拓く宇宙展開構造物 ―伸ばす,広げる,膨らませる―	角田博明著	176	1200円
62.	科学技術の発展とエネルギーの利用	新宮原正三著	154	1200円

定価は本体価格+税です。
定価は変更されることがありますのでご了承下さい。

図書目録進呈◆

技術英語・学術論文書き方関連書籍

Wordによる論文・技術文書・レポート作成術
－Word 2013/2010/2007 対応－
神谷幸宏 著
A5／138頁／本体1,800円／並製

技術レポート作成と発表の基礎技法
野中謙一郎・渡邉力夫・島野健仁郎・京相雅樹・白木尚人 共著
A5／160頁／本体2,000円／並製

マスターしておきたい 技術英語の基本
－決定版－
Richard Cowell・余 錦華 共著
A5／220頁／本体2,500円／並製

科学英語の書き方とプレゼンテーション
日本機械学会 編／石田幸男 編著
A5／184頁／本体2,200円／並製

続 科学英語の書き方とプレゼンテーション
－スライド・スピーチ・メールの実際－
日本機械学会 編／石田幸男 編著
A5／176頁／本体2,200円／並製

いざ国際舞台へ！
理工系英語論文と口頭発表の実際
富山真知子・富山 健 共著
A5／176頁／本体2,200円／並製

知的な科学・技術文章の書き方
－実験リポート作成から学術論文構築まで－
中島利勝・塚本真也 共著
A5／244頁／本体1,900円／並製
日本工学教育協会賞（著作賞）受賞

知的な科学・技術文章の徹底演習
塚本真也 著
A5／206頁／本体1,800円／並製
工学教育賞（日本工学教育協会）受賞

科学技術英語論文の徹底添削
－ライティングレベルに対応した添削指導－
絹川麻理・塚本真也 共著
A5／200頁／本体2,400円／並製

定価は本体価格＋税です。
定価は変更されることがありますのでご了承下さい。

図書目録進呈◆

塑性加工全般を網羅した！

塑性加工便覧

CD-ROM付

日本塑性加工学会 編
B5判／1 194頁／本体36 000円／上製・箱入り

編集機構

- ■ **出版部会 部会長** 近藤 一義
- ■ **出版部会 幹事** 石川 孝司
- ■ **執筆責任者**（五十音順）

青木　　勇	小豆島　明	阿髙　松男	池　　　浩
井関日出男	上野　恵尉	上野　　隆	遠藤　順一
川井　謙一	木内　　學	後藤　　學	早乙女康典
田中　繁一	団野　　敦	中村　　保	根岸　秀明
林　　　央	福岡新五郎	淵澤　定克	益居　　健
松岡　信一	真鍋　健一	三木　武司	水沼　　晋
村川　正夫			

塑性加工分野の学問・技術に関する膨大かつ貴重な資料を，学会の分科会で活躍中の研究者，技術者から選定した執筆者が，機能的かつ利便性に富むものとして役立て，さらにその先を読み解く資料へとつながる役割を持つように記述した．

主要目次

1. 総　　　論
2. 圧　　　延
3. 押　出　し
4. 引抜き加工
5. 鍛　　　造
6. 転　　　造
7. せ　ん　断
8. 板　材　成　形
9. 曲　　　げ
10. 矯　　　正
11. スピニング
12. ロール成形
13. チューブフォーミング
14. 高エネルギー速度加工法
15. プラスチックの成形加工
16. 粉　　　末
17. 接合・複合
18. 新加工・特殊加工
19. 加工システム
20. 塑性加工の理論
21. 材料の特性
22. 塑性加工のトライボロジー

定価は本体価格＋税です．
定価は変更されることがありますのでご了承下さい．

図書目録進呈◆

新塑性加工技術シリーズ

(各巻A5判)

■日本塑性加工学会 編

配本順		(執筆代表)	頁 本体
1.	**塑性加工の計算力学** ―塑性力学の基礎からシミュレーションまで―	湯川 伸樹	
2.	**金属材料** ―加工技術者のための金属学の基礎と応用―	瀬沼 武秀	
3.	**プロセス・トライボロジー** ―塑性加工の摩擦・潤滑・摩耗のすべて―	中村 保	
4.(1回)	**せん断加工** ―プレス切断加工の基礎と活用技術―	古閑 伸裕	266 3800円
5.(2回)	**プラスチックの加工技術** ―材料・機械系技術者の必携版―	松岡 信一	近刊
	引抜き ―棒線から管までのすべて―	齋藤 賢一	
	鍛造 ―目指すは高機能ネットシェイプ―	北村 憲彦	
	圧延 ―ロールによる板・棒線・管・形材の製造―	宇都宮 裕	
	板材のプレス成形 ―曲げ・絞りの基礎と応用―	高橋 進	
	回転成形 ―転造とスピニングの基礎と応用―	川井 謙一	
	押出し ―基礎から高機能付加成形まで―	星野 倫彦	
	チューブフォーミング ―軽量化と高機能化の管材二次加工―	栗山 幸久	
	矯正加工 ―板・棒・線・形・管材矯正の基礎と応用―	前田 恭志	
	衝撃塑性加工 ―衝撃エネルギーを利用した高度成形技術―	山下 実	
	粉末成形 ―粉末加工による機能と形状のつくり込み―	磯西 和夫	
	接合・複合 ―ものづくりを革新する接合技術のすべて―	山崎 栄一	

定価は本体価格+税です。
定価は変更されることがありますのでご了承下さい。

図書目録進呈◆